감정을 다룰 줄 아는 엄마는
흔들리지 않는다

감정을 다룰 줄 아는 엄마는 흔들리지 않는다

초 판 1쇄 2023년 05월 09일

지은이 우윤정
펴낸이 류종렬

펴낸곳 미다스북스
본부장 임종익
편집장 이다경
책임진행 김가영, 신은서, 박유진, 윤가희, 정보미

등록 2001년 3월 21일 제2001-000040호
주소 서울시 마포구 양화로 133 서교타워 711호
전화 02) 322-7802~3
팩스 02) 6007-1845
블로그 http://blog.naver.com/midasbooks
전자주소 midasbooks@hanmail.net
페이스북 https://www.facebook.com/midasbooks425
인스타그램 https://www.instagram/midasbooks

ISBN 979-11-6910-221-6 03590

값 16,800원

미다스북스는 다음세대에게 필요한 지혜와 교양을 생각합니다.

감정을 다룰 줄 아는 엄마는
흔들리지 않는다

우윤정 지음

(방학, 엄마가 미치기
일보 직전일 때)

미다스북스

"엄마, 이제 곧 방학 시작이야."

아이의 들뜨고 활기찬 목소리가 들립니다. 같이 행복해야 하는데… 웃어줘야 하는데… 표정 관리가 안 됩니다. 머릿속에는 오만 가지 생각이 듭니다.

'아, 방학 시작이네. 내 자유는 끝이다. 아이와 잘 지낼 수 있을까? 당장 뭐로 삼시 세끼를 챙기나.'

인터넷에 이런 글을 보았습니다. '선생님이 미치기 일보 직전 방학이 시작되고, 엄마가 미치기 일보 직전 방학은 끝이 납니다.' 이 문구를 보는데 어쩜 이렇게 엄마 마음을 잘 아는 문장이 나왔는지 감탄했습니다.

방학은 아이와 온종일 붙어 지내야 해서 다른 날보다 더 힘이 듭니다. 특히, 아이의 짜증과 떼쓰기를 받아줘야 할 때는 치밀어 오르는 화로 내 마음을 어찌하지 못할 때가 있습니다. 엄마에게 방학 자체가 스트레스고, 화일지 모르겠네요. 과연 아이와 엄마 모두 행복한 방학은 없는 걸까요?

육아 관련 글을 주로 쓰는 저는 평소에도 육아서를 많이 읽습니다. 하지만 방학이 시작되면 이건 일이 아니고 생존(?)을 위해 더 읽게 됩니다. 오늘도 아이에게 화를 내버렸어. 나 지금 미치겠어. 이런 마음을 헤아려줘, 공감해주란 말이야, 나에게 솔루션을 줘. 나만 육아가 힘든 거 아니지? 아, 이번 방학에는 뭐하나? 온갖 감정에 휩싸여 나에게 맞는 책을 찾으려고 합니다.

마치 커피 수혈을 받듯이 육아서는 저에게 육아 힐링 수혈을 해주는데요. 하지만 방학은 아이 위주로 돌아가서 엄마에게 책 읽는 시간도 허락되지 않습니다. 딱 한 권으로 끝내면 좋겠는데, 짜증내는 아이에게 휘둘리지 않고 해방될 수 있으면 좋겠다, 힘들 때마다 들춰볼 수 있는 책이면 좋겠다는 생각으로 온라인에 올렸던 육아 글을 엮어서 원고를 쓰게 되었습니다.

사실 쑥스럽지만 저는 육아가 힘들 때마다 제 글을 보고 위안받을 때가 많았습니다. 아이에게 윽박지르던 날, 엄마로서 자존감이 내려간 날, 휘몰아치는 감정을 잠재우고 싶은 날에는 '나만 육아가 힘든 것은 아닐 거야.', '맞아, 아이도 이런 감정이었겠지. 다시 아이와 대화를 시도해보자.', '내가 이런 감정이어서 화가 났구나.' 글을 보고 반성했습니다. 그러고는 아이에게 책에 나왔던 내용들을 적용해보니, 아이의 짜증에도 신기하게 유하게 넘길 수 있었습니다.

부디 저에게 위안이 되고, 도움이 됐던 글이 여러분에게도 아이와 잘 지낼 수 있도록 도와주는 글이 되었으면 합니다.

"피할 수 없다면 즐겨라!"라는 말이 있잖아요. 방학은 이미 시작됐고, 아이는 짜증을 내고 있고, 내 자유 시간은 없지만 그래도 엄마와 아이가 행복할 수 있는 그 접점을 잘 찾으시길 바랍니다.

감정을 다룰 줄 아는 엄마는 흔들리지 않는다

목차

PART 2. 감정① 화 : 오늘도 소리 지르고 말았습니다

PART 3. 감정② 답답함 : 우리 아이는 도대체 왜 그럴까?

PART 4. 감정③ 죄책감 : 사랑하는 마음만으로 충분한데

PART 5. 감정④ 미안함 : 너의 마음을 몰라줘서 미안해

PART 6. 솔루션① 엄마가 아이와 함께하고 싶은 일들

PART 7. 솔루션② 엄마가 아이에게 해주고 싶은 말들

PART 1

감정을 다룰 줄 아는
엄마가 된다는 것

감정을 다룰 줄 아는 엄마가 된다는 것은 뭘까요?

먼저 자신의 감정에 대해 알아야 합니다. 왜 그런 느낌이 들었고, 나는 이러한 감정 때문에 화가 나고 불안하고 힘들어한다는 것을 인지하는 게 중요합니다. 자신의 감정을 안다는 것은 자신을 사랑하고 아껴준다는 말과 같다고 봅니다.

아이를 섬세하게 봐주듯이, 자기 자신을 살뜰히 살펴보는 것은 어떨까요? 엄마의 감정을 알아야 아이가 아무리 떼를 써도 짜증을 내도 흔들리지 않고 대처할 수 있습니다. '나는 이런 상황일 때, 유독 못 견디는구나.', '이런 감정이 들 때 힘들어 하는구나.', '그 정도까지 화낼 필요는 없었는데.' 감정을 알아차리고, '괜찮아. 그럴 수 있어.', '부정적 감정이 들 때는 나를 힘들게 하지 말고, 자연스럽게 흘러가게 내버려 두자.'라고 자신을 다독여주세요.

아이의 한마디:
항상 짜증을 안 내는 아이가 없듯이, 항상 친절하고 착한 엄마는 없어. 엄마, 나를 위해 노력하는 모습 고마워. 좀 더 자신에 대해 알아갔으면 좋겠어.

1. 내 아이 왜 이렇게 밉상일까?

요전 날, 인터넷에서 한 어머니가 쓰신 글을 보게 되었습니다. 초등학생 아이를 키우는 엄마인데, 요즘 아이가 자기 말을 듣지도 않고 짜증만 낸다고 아이가 싫다는 글이었네요. 저도 같은 나이대 아이를 키우는 엄마인지라 어느 정도 공감도 되고, 가끔은 아이가 밉상으로 보일 때가 있습니다.

눈에 넣어도 안 아플 귀하고 예쁜 자식이지만, 솔직히 육아하면서 아이가 미울 때가 다들 한 번씩은 있지 않나요?

엄마가 하지 말라고 하는데 아이가 계속 안 좋은 행동을 할 때, 말을 걸었는데 무시하거나 딴짓할 때, 무작정 짜증을 낼 때 등 부모는 아이의 행동에 화가 나면서 '일부러 화를 돋우려고 저런 행동을 하나?'라는 생각이

들 때가 있습니다. 모르고 하는 것보다 알면서 하는 것 같을 때, 상대방에게 화가 더 나고 미울 때가 있습니다.

가끔 나를 화나게 만드는 아이의 행동을 보고 '의도적으로 하고 있나?' 의심할 때도 있지만, 아이들은 어른과 다르게 의도적인 게 아닙니다. 어른도 화가 났을 때, 순간 감정 조절을 못 하듯이, 더 어린 아이들은 자기 감정을 컨트롤히지 못해요. 그래서 불안하고 화나고 짜증이 난 감성을 자신이 가장 신뢰하는 부모에게 의지하는 겁니다.

아이에게 화가 나더라도 '사춘기 때문에 그러겠지.', '오늘 학교에서 안 좋은 일이 있었겠지.', '그렇게 행동하는 데는 그만한 이유가 있겠지.' 애써 이해하고 넘어가지만, 가끔은 끓어오르는 화로 아이에게 상처 주는 말이나 행동할 때가 있습니다.

킴 존 페인 저자의 『내 아이가 최고 밉상일 때 최상의 부모가 되는 법』 책에서는 한 어머니가 이성을 잃었던 순간을 기억하며 아이에게 욕을 했다고 하네요. 그 뒤, 아이가 자기가 한 욕을 몇 번 따라 하는 것을 보고 수치심과 절망감을 느꼈다고 합니다. 저자는 낙담하는 어머니에게 이런 이야기를 합니다.

"아이에게 사랑을 담아 다정한 말을 한 달을 잡아 몇 번을 하세요? 어림잡아 한 달에 500번 정도를 사랑의 표현을 했다고 해요. 그럼 반대로 아이에게 모진 말이나 무심코 욕을 뱉은 적은 몇 번인가요? 20번보다 더 적겠죠. 어떤 시합에서 500:20으로 이겼다는 것은 대승이죠. 아이와의 관계도 똑같답니다." 어머니는 눈물을 글썽이면서 이 점을 기억해야겠다고 말했습니다.

아이의 부정적 행동에 너그러운 마음을 가지듯이 자기 자신에게도 너그러울 수 있도록 노력하는 게 중요합니다. 아이는 화내는 부모의 모습보다 자신을 예뻐해주고 소중하게 대해주는 부모의 모습을 더 많이 기억한다는 사실을 잊지 말았으면 합니다.

2. 잔소리하기보다는 소통하라

어른이나 아이나 우리는 사랑하는 사람에게 잔소리를 합니다. 제 생각에 잔소리는 사랑의 소리 같아요. 관심이 없는 사람이 무엇을 하든 나에게 아무 의미가 없기 때문입니다.

하지만 잔소리를 듣는 사람은 어떨까요? 그게 사랑의 소리로 들릴까요? 그렇지 않죠.

"아, 또 시작이네."

"듣기 싫어."

"짜증나."

이런 반응이 대부분일 겁니다. 잔소리를 듣는 입장에서는 안 좋은 감정이 쌓이는 경우가 많죠. 특히 아이는 잔소리를 들어도 그 자체의 말을 이해 못 한다는 것을 아세요? 아직 전두엽이 발달이 안 된 아이는 이성적으로 생각하고 판단하기가 힘듭니다.

예를 들어서 여섯 살 아이가 동생과 놀고 있는데 동생이 형이 만든 장난감을 망가뜨렸습니다. 형은 화가 나서 동생을 때렸습니다. 엄마는 뛰어와 이렇게 말해요. "동생을 때리면 안 돼. 네가 형이니깐 동생을 이해해야지." 아이는 엄마의 말을 이해할까요?

'아, 내가 형이니깐 나는 동생을 잘 돌봐야 하는구나.'라고 생각하는 것은 여섯 살 아이에게 무리한 요구입니다. 아이는 '엄마는 나만 미워해.'라고 생각해서 더 거칠게 행동하거나, '엄마 미워. 동생 미워.' 같은 부정적 감정만 들 거예요.

초등학교 고학년이나 중고등학생 아이들은 어떨까요? 큰아이 방에 들어가보니 난장판이 되어 있습니다.

"다 큰 애가 방을 이렇게 어지럽히면 돼? 엄마가 몇 번을 말해도 왜 청소를 안 하는 거야? 이렇게 방이 어지럽혀 있으면 공부가 제대로 되겠어? 방이 어지러우면…"

아이는 무슨 생각을 할까요? '아, 방이 더러워지면 공부가 안 되는구

나. 그럼 방을 치워야겠다.'라고 생각을 할까요? '아, 또 잔소리네. 짜증나. 듣기 싫어. 제발 내 방에서 좀 나가줬으면 좋겠어.'라고 반응하는 경우가 많겠죠.

아이에게 바른 태도나 습관을 들이려고 잔소리를 하기보다는 아이의 기분과 감정을 충분히 공감해준 후, 서로 의견을 나눠서 합리적으로 문제를 해결할 수 있도록 도와주는 게 좋습니다.

옛말에 이런 말이 있습니다. "소귀에 경 읽기." 어쩜 엄마가 하는 잔소리가 아이한테는 이런 의미로 다가올 것 같아요. 전두엽이 발달한 어른도 잔소리 들으면 합리적으로 생각하기 쉽지 않은데 아이는 더더욱 힘들겠죠. 아이의 발달에 맞게 먼저 공감해주고 차근차근 이야기해주는 부모가 되길 노력해봅시다.

3. 엄마는 감정 쓰레기통이 아니야!

돌 이후부터 세 돌 전까지 양육자가 없어도 혼자 잘 놀거나, 다른 사람이 다가와도 방긋방긋 웃던 아이가 어느 순간 "앵~" 울며 엄마 껌딱지가 된 경험 다들 있으시죠?

네. 이 발달은 정상적인 과정으로 심리학에서는 '재접근기' 시기라고 합니다. 세상에 대해 호기심과 관심은 있지만, 아직 두려운 거죠. 그래서 편안한 상대, 나를 담아줄 수 있는 부모에게 의지를 하는 아이의 심리라고 볼 수 있습니다.

세 돌 전까지는 그렇다 쳐도 지금 초등학생이 되었는데도 부모를 감정 쓰레기통으로 취급하는 아이들이 있죠. 아니, 상당수가 그럴 거로 생각합니다. 자기가 잘못했음에도 자신의 실수임에도 엄마에게 짜증을 내는 아이를 보며 참 이해가 안 됐습니다. 버릇없는 아이가 될까 봐 걱정도 되었습니다.

저는 가끔 화가 치밀어 오를 때는 생각을 달리하며 감정을 컨트롤하려고 노력합니다.

'아~ 우리 아이가 재접근기 시기가 다시 왔구나.', '부정적인 자기 마음을 컨트롤할 수 없어서 아직은 조절하는 힘이 부족해서 엄마에게 어리광을 부리는 거구나.' 반대로 생각을 해도 좋습니다. '그만큼 아이들이 부모를 편안하게 생각하고 자신을 이해해주고 다 품어주는 존재구나. 의지하고 있구나.' 하고요.

하지만 심하게 감정 쓰레기통으로 이용할 때는 단호한 모습도 보여야 합니다. 남 의식을 잘하는 사람은 소중한 사람에게 타인에게는 못 보여주는 못난 감정을 쏟아낼 때가 있습니다. 그 사람은 뭐든 다 받아줄 것으로 생각하기 때문이에요. 감정 쓰레기는 소모되는 게 아닙니다. 차곡차곡 쌓여 쓰레기통이 다 쌓였을 때, 넘쳐흐르고 맙니다. 그리고 관계는 서로에게 상처가 되어 돌이킬 수 없는 상황으로 흘러가고 맙니다. 부모 아이 관계도 마찬가지겠죠. 다른 사람에게 내 마음을 맡기기보다는 내 감정은 자기 스스로 다스려야 한다는 것을 인지시켜줘야 합니다. 아이가 힘들 때, 부모의 마음과 몸을 빌려줄 수 있지만 자기 마음을 다스리는 것은 아이의 몫입니다. 아이의 감정 쓰레기통이 되지 말고, 아이 말 한마디에 행동 하나에 너무 스트레스받지 말았으면 합니다.

4. 예민한 엄마가 알아야 할 것

우리는 흔히 어떠한 자극에 의해 크게 반응하거나 민감하게 반응할 경우, 예민한 기질을 가진 사람이라고 말하곤 합니다. 기질은 타고나는 성격으로 어린아이에게도 순한 기질, 까다로운 기질, 느린 기질에 따라 양육 방식을 달리하는 경우가 있습니다.

저는 예민한 기질을 타고난 사람입니다. 그래서 제가 처한 환경이나 사람에 의해 자극도 많이 받고 무던한 사람들에 비해 스트레스를 더 받기도 합니다. 육아하면서 예민한 성격 때문에 더 힘든 적이 많았는데요.

예민한 부모는 왜 육아가 더 힘들게 느껴질까요?

감정을 다룰 줄 아는 엄마는 흔들리지 않는다

저 같은 경우는 아이가 떼를 쓰거나, 울 때, 안 좋은 상황에 직면했을 때, 아이 감정에 크게 동요가 되고 공감을 넘어 감정 이입을 해서 힘든 경우가 많습니다.

어느 날, 아이가 친구들과 싸워서 놀 사람이 없다고 말했습니다. 아이에게 "괜찮아. 친구랑 싸울 수도 있지. 혼자 노는 시간도 필요해."라고 말했습니다. 아이는 울면서 "학교 가기 싫어."라고 하더라고요. 저는 그다음 날, 온종일 혼자 있을 아이 생각에 일에 집중하기가 힘들었습니다. 잠시 시간을 가진 것뿐인데도, 아이가 외톨이가 될까 봐 걱정했었습니다. 혹시 아이가 왕따당하면 어쩌지? 얼마나 외로울까? 생각은 꼬리에 꼬리를 물고, 당장 아이에게 무슨 일이 난 것처럼 행동하고 있었습니다. 다행히 아이는 친구들과 화해해서 잘 놀았지만, 저는 아이의 일을 너무 심각하게 받아들이고 마치 내 일인 양 행동하고 있다는 것을 인지하게 되었습니다.

또한 저는 아이의 미묘한 표정 변화나 행동이 보일 때, 빨리 알아차려 아이 마음을 헤아리려고 노력하는데요. 이 모든 게 에너지가 들어가기 때문에 유독 더 피곤함을 느끼고 스트레스를 받습니다.

육아하다 보면 폭발 직전까지 가는 경우가 많습니다. 예민한 부모는 폭발한 후 더 큰 자책감으로 자신을 힘들게 하기도 합니다.

일단 예민한 엄마는 평상시 긴장이 높고 신경을 여러모로 쓰고 있기 때문에 체력이 금방 고갈될 확률이 높습니다. 이럴 때는 중간중간 쉬면서 체력을 보충하는 게 좋아요. 매일 루틴에 맞게 운동한다거나 체력에 도움 되는 음식을 먹거나 자기가 좋아하는 취미활동을 하는 겁니다.

아로마 향기를 맡으며 릴랙스 하는 시간을 가져도 좋고, 요가와 명상을 하며 자기만의 시간을 가져도 좋고, 편안한 음악을 듣는 것도 좋습니다. 저는 책 읽는 시간을 좋아해서 조용한 공간에서 책을 읽네요. 저마다 좋아하는 시간을 가지게 되면 아이에게도 부드럽고, 친절하게 대하게 되는 경우가 많습니다.

예민한 부모는 아이 감정을 잘 캐치해서 공감해주고 깊게 이해하려고 합니다. 그 과정에서 부모는 큰 스트레스와 부담이 될 수 있겠지만, 아이는 세심하게 바라봐주는 부모를 보며 더 많은 사랑을 느낄 거로 생각합니다.

예민한 엄마이지만, 적절한 휴식과 마음의 힘을 길러 사랑스러운 아이와 잘 지내보도록 노력해봅시다.

아이의 행동이 이해가 안 될 때는
아이의 눈으로 세상을 바라보세요.

5. 항상 친절한 엄마는 존재할까?

　많은 육아 전문가나 SNS에서 육아 잘하시는 엄마들을 보면 우리는 알
게 모르게 비교를 하게 되고 자책을 합니다. 저도 어린이집 교사였고 대
학원에서 공부하고, 육아서까지 써서 많은 분이 육아를 잘할 거로 생각
합니다. 하지만 아직도 육아는 저에게 참 어렵습니다. 저도 친절한 엄마
를 보며 부러워한 적이 많습니다.

　제 주위에도 육아를 잘하는 사람이 있어요. 저의 올케입니다. 올케는
아이들을 참 좋아합니다. 제 딸을 비롯한 사촌 조카들, 하물며 동생 친구
아이들도 올케를 잘 따릅니다.
　항상 다정다감해서 아이들이 놀아달라고 하면 싫은 기색 없이 잘 놀아

줍니다. 그런 올케 모습을 보면서 '올케는 천성적으로 육아가 타고난 사람이구나. 아이를 낳으면 얼마나 좋은 엄마가 될까?' 속으로 생각하며 비교를 하게 되었고, 저 자신을 돌아보게 되었습니다.

저는 육아가 서툴렀던 엄마였습니다. 아이와 함께하는 시간은 어떨 때는 행복했고 또 어떨 때는 힘들었습니다. 항상 친절할 수 없었고 화를 내기도 했습니다.

아이를 잘 키우기 위해 닥치는 대로 육아서를 읽고 아동대학원까지 진학해서 공부했지만 이렇게 육아에 타고난 사람들을 보면 좌절감을 느꼈습니다. 친절한 엄마들에 비해 모자람이 많은 엄마라는 자격지심으로 저 자신을 힘들게 하기도 했습니다.

어느 날, 올케에게 물었습니다. "올케는 아이들을 참 좋아하는 것 같아. 유치원 교사했으면 정말 잘했을 것 같은데 왜 그쪽으로 진학 안 했어?"

"아… 사실 제가 아이를 좋아하긴 하는데, 자주 보면 싫어질 것 같아요. 그래서 자신이 없었어요."

예상치 못한 대답이었습니다. 뼛속까지 육아 장착이 되어 있다고 생각한 올케가 그런 말을 하다니… 올케 이야기를 들으면서 느낀 건 육아는 누구든 다 어렵다는 겁니다. 인정하면 돼요. 나만 화내는 엄마 같고 짜증내는 엄마 같다고 생각하지 마세요. 종일 집에서 아이랑 씨름하고 청소에 음식에 집안일하고 일까지 하게 되는 상황이라면 그 어떤 전문가도 분명 육아가 힘들 겁니다.

제 책 『미니멀 감정육아』에서도 이런 부분이 나옵니다. 아동 상담 강의를 들으러 간 적이 있었는데 강의하러 오신 교수님이 이런 말을 한 적이 있습니다. "중이 제 머리 잘 못 깎는다고 우리 아이는 산만하고 집중을 못 해서 수업 시간에 계속 방해를 했어요. 학교에 불려나간 적이 몇 번 있어요. 처음에는 육아 상담을 전문으로 일하는 나인데 내 자식이 그러니 창피하기도 하고 인정하고 싶지 않았어요. 지금은 그 아이가 평범하게 잘 크는 것만으로도 감사해요."

어떤가요? 과연 TV에 나오는 이상적인 엄마, 친절한 엄마는 존재할까요? 단지 한 장면만 보고 다 그렇다고 판단하지 말았으면 합니다. 그리고 자신만 아이에게 못 하는 것 같고 육아가 서툴다고 힘들어하지 말았으면 합니다. 그 힘든 상황에서 아이 마음을 이해하려고 하고 더 좋은 엄마가 되려고 노력하잖아요. 그거면 된 겁니다.

미운 정, 고운 정을 쌓으며 관계는 무르익어갑니다. 고운 정만 쌓을 수 없을 뿐더러 그러다간 좋은 열매를 수확할 수 없습니다. 부모 자식 관계도 같지 않을까요? 오늘은 조금만 반성하고 아이들과 즐거운 시간만 가

감정을 다룰 줄 아는 엄마는 흔들리지 않는다

지길 바라겠습니다.

6. 부모와 아이도 궁합이 있다

모든 관계에는 궁합이 있습니다. 군고구마와 김치의 음식 궁합이 있듯이, 혈액형 궁합, 요즘 유행하는 MBTI 검사에서 유형끼리 궁합 등 분명잘 맞는 궁합은 세상에 존재합니다.

가장 가까운 관계인 부모 자녀 관계에서도 역시 궁합은 있습니다. 자식 중에서도 엄마랑 꼭 빼닮은 아이가 있지요. 음식부터 외형이나 성격까지 판박이인 아이를 보면 흐뭇하기도 합니다.

저는 친정엄마와의 궁합이 좋지 않았는데요. 어릴 때부터 항상 그랬던것 같습니다. 엄마는 다른 형제들에 비해 입이 짧은 저를 보고 항상 한소리를 하셨습니다.

"지 아빠 닮아서 아무거나 먹지 않고 꼭 맛 좋은 것만 먹어."

심부름을 시키면 하기 싫어하는 저를 보고 이렇게 말씀하셨습니다.

"지 아빠 게으른 것도 똑 닮아서 한 번에 하라고 하면 듣지 않지."

사춘기 시절 한껏 멋 부리는 저를 보고는 "지 아빠 닮아서 학생이 공부는 안 하고 멋만 부리고, 커서 뭐가 되려고 그러는지." 엄마는 아빠의 보기 싫은 면이 제게서 보이는 게 싫었는지 항상 제 행동에 아빠를 갖다 붙였습니다. 아빠를 투영해서 저를 보았습니다.

그와 반대로 언니들은 엄마를 잘 도와주고, 모범생이었습니다. 주는 음식에 토를 달지 않고 잘 먹었습니다. "나중에 엄마, 아빠 이혼하면 윤정이 너 혼자 아빠랑 살아. 똑 닮은 사람들끼리 같이 살아봐." 장난으로 웃어넘기시는 말이었지만, 어린 저는 알았습니다. '엄마는 나를 좋아하지 않는구나.'라고요. 어릴 때야 엄마의 말이 상처 되고 사랑받고 싶었지만, 지금은 나와 맞지 않다는 것을 알고 있습니다. 성향 자체부터 다르다는 것을요.

사람 대 사람 궁합도 있지만 넓은 의미의 궁합도 있습니다.

둘째 형부는 조용한 것을 좋아하는 사람입니다. 집도 깔끔한 것을 좋아하고 혼자 있는 것을 즐깁니다. 아이가 태어나면서 형부는 유독 힘들어했습니다. 육아는 온종일 시끄러워야 했고, 뒤돌아서면 더러워져야 했고, 하루에도 몇 번씩 아이 울음소리를 대치하는 상황이 있었기 때문입니다. 육아와 형부의 합은 좋지 않았어요. 화 한 번 낸 적이 없고, 항상 평정심을 유지하던 형부의 큰소리와 짜증 섞인 소리를 처음 들어야 했습니다.

내성적인 엄마는 방방 뛰고 밖으로만 나가자는 아이가 버겁습니다. 짜증이 많고 감정적인 엄마는 내 아이가 울고 짜증 부리고 떼를 쓰는 그 모습을 보는 게 너무 힘듭니다. 자신감이 넘치고 외향적인 엄마는 소심하고 울보인 아이를 보면 속이 터져요. 학창 시절 공부를 잘했던 엄마는 학업 성적이 좋지 않은 아이를 이해할 수가 없습니다.

부모와 자녀 사이에 합이 좋지 않다고 해서 좌절할 필요는 없습니다. 중요한 것은 '인정'입니다. 다르다는 것을 인정하는 것입니다. '아, 나는 육아와 잘 맞지 않는 성향이어서 그렇게 힘들었구나.', '아, 나는 이런 성향이어서 내 아이에게 저런 모습이 보이면 참지를 못하는 거였구나.' 알아차림을 느끼면 됩니다.

'나는 아이가 이런 행동을 할 때 화가 나니 마음을 다스려야겠구나. 이 상황을 피할 수 있으면 피하고, 만약 못 피하면 어떻게 이 상황을 슬기롭게 잘 헤쳐나갈지 고민해야겠다.', '내가 저런 모습을 못 견뎌서 아이에게 상처를 줬구나. 나랑 아이는 이런 점이 잘 맞지 않는구나. 어떻게 하면 좋게 말할 수 있을지, 우리 관계를 긍정적으로 이어갈 수 있을지 고민해야겠다.'

어떠한 문제가 발생했을 때, 현실을 직시하는 게 가장 먼저입니다. 그리고 어떻게 해결해야 할지 고민을 해야 합니다. 육아도 마찬가지입니다. 아이를 탓하지 말고, 상황을 탓하지 말았으면 합니다. 알아차림을 하고 안 하고 차이는 엄청 날 테니깐요.

7. 육아 소신은 엄마의 내면에서 나온다

육아가 힘들면 부모들은 여러 전문가를 만나고 다양한 육아법을 접하려고 노력합니다. 수많은 육아법을 내 아이에게 적용해도 좌절만 있을 뿐 잘 실행이 안 될 때가 있습니다.

육아 이론은 표본을 뽑아 연구한 결과로 절댓값이 아니죠. 사람은 개인마다 특징과 개성이 있기 때문입니다. 우리 아이들도 마찬가지입니다. 다수의 사람들의 심리나 발달일 뿐, 그 이론이 우리 아이한테 딱 들어맞는 해결책은 아닙니다.

자기 아이를 가장 잘 아는 것은 누구일까요?

육아 전문가일까요? 육아를 먼저 해본 지인 언니나 친구일까요?

자신의 아이를 가장 잘 아는 사람은 그 누구도 아닌 엄마입니다. 그래서 육아를 할 때는 반드시 엄마만의 소신이 있어야 한다고 생각합니다. 그 소신이 생길 때까지 많은 시행착오를 겪어야겠지요. 로빈 그릴 저자의 『0-7세, 감정 육아의 재발견』에서 팁을 얻어 육아의 소신에 대한 이야기를 해보겠습니다.

먼저 육아에 소신이 있으려면 엄마 자신부터 단단해져야 합니다. 내가 원하는 삶은 무엇인지, 나는 어떤 가치를 가장 중요하게 생각하는지, 그리고 그것을 위해 지금 무엇을 하고 있는지 등에 대해 질문을 해보세요. 긍정적으로 자기 삶을 바라보고 있다면 그 좋은 에너지는 당연히 아이에게 갈 겁니다. 당연히 내가 중심이 섰으니 큰 틀의 자기만의 육아 소신이 생기겠지요.

두 번째는 어렸을 때 기억을 떠올려보는 겁니다. 어린 시절 부모님과의 관계를 생각해보세요. 좋았던 기억도 있을 거고 안 좋았던 기억도 있을 겁니다. 과거 어린 시절을 투영해 아이의 마음을 이해하고 공감이 가는 부분이 있을 거예요. 그 부분을 자신만의 방식으로 내 육아에 적용해보는 겁니다.

저는 어린 시절 아빠가 항상 우리 4남매를 앉혀놓고 이런 이야기를 자주 해주셨습니다.

"사람은 꿈을 가져야 해. 그리고 그 꿈을 위해 도전하고 노력해야 한단다. 너네는 뭐든지 이룰 수 있고 뭐든지 해낼 수 있어."

그 이야기 덕분인지 저는 어떤 도전을 할 때, 두려움이 덜한 편입니다. 일단은 저질러놓고 수습하는 경우가 많습니다. 그래서 주변 지인분들께 "너는 정말 실행력 하나는 인정해줘야 해."라는 말을 자주 듣습니다. 아빠의 육아 철학이 마음에 들어 저도 제 딸아이에게 항상 저런 말을 해줍니다. 이 말이 앞으로 아이에게 고난이 왔을 때 든든한 마음 뿌리가 되었으면 좋겠습니다. 이렇게 어릴 때 부모와의 관계는 지금 내 아이 양육 방식에 큰 도움이 됩니다.

간혹, 어릴 때 안 좋은 기억이 있는 엄마는 '내 아이한테 이건 절대 하지 말아야지.'라고 생각해서 자기 자신을 옥죄는 경우도 있습니다. 어렸을 때 기억은 단지 과거일 뿐, 거기에 연연하면 안 된다고 생각해요. 육아에 '절대'는 없습니다.

자기가 할 수 있는 만큼만 내 아이에게도 해주는 게 제일 좋다고 생각합니다. 좋은 기억은 적용하고, 안 좋았던 기억은 참고만 할 뿐 자신의 내면 아이와 자기 아이를 동일시하지는 맙시다. 아이를 관찰하고, 내 아이에게 잘 맞는 방법을 찾아가는 일. 엄마가 아이에게 해줄 수 있는 최고의 선물인 것 같습니다.

감정을 다룰 줄 아는 엄마는 흔들리지 않는다

8. 엄마에게 없는 것은 아이에게도 줄 수 없다

이번 장은 육아를 할 때, 가장 핵심인 이야기를 하려고 합니다. 아기를 낳은 후, 부모는 자기 위주의 삶에서 아이 위주의 삶이 됩니다. 출산 전에는 먹고 싶은 게 있으면 먹었고 자고 싶으면 자고 놀고 싶으면 놀았지만, 부모가 된 이상 내 욕구를 바로 충족하며 살 수 없습니다.

아이가 어릴 때는 24시간 모두 아이를 위해 내 시간을 씁니다. 그렇게 힘들게 육아를 하다 보면 때로는 아이에게 화풀이를 하기도 하고 상처를 주기도 합니다. '내가 부모가 될 자격이 있나?', '난 왜 이렇게 엉망인데.' 등 모진 말로 자기 자신을 비난하기도 합니다.

미국에서 유명한 아동 중심 놀이치료의 렌드레스 박사는 부모 교육에서 육아가 힘든 부모들에게 이런 이야기를 해준다고 합니다. 비행기를 탔을 때, 이륙 전 안내 방송이 나오지요. 실제 응급상황이 되었을 때, 아이를 둔 부모는 자기 먼저 산소마스크를 착용하고 그 뒤 아동에게 마스크를 착용하게 하라고 합니다. 이 비유를 들면서 부모들이 자기 자신을 사랑하지 않고, 돌보지 않는다면 자기 자녀를 제대로 돌보아줄 수 없다고 말합니다.

나 자신에 대하여 인내심이 없고 나를 받아들이지 않는다면, 자녀를 대할 때도 인내심을 가지고 아이를 바라볼 수 없어 아이의 마음을 받아줄 수 없습니다.

아이를 잘 키우고 싶으세요?

그럼 나를 이해하고 온전히 믿어주고 사랑해주세요. 육아에서 이것만큼 중요한 것은 없습니다. 세상에서 가장 중요한 존재는 눈에 넣어도 안 아픈 우리 아이가 아니라 나라는 사실을 잊지 마셨으면 합니다. 내가 나를 지키고 아껴주지 않으면 소중한 내 아이한테도 아무것도 해줄 수 없습니다. 그리고 그 여파는 오롯이 아이에게도 전달이 되어 더 큰 악영향을 끼칠 수 있습니다. 나를 사랑할 수 있어야 아이도 자기 자신을 사랑할 수 있습니다. 저도 육아를 할 때, 항상 이 말을 명심하며 하려고 합니다.

오늘은 나를 행복하게 해주는 건 무엇인지 고민하고 아껴주는 날이 되었

으면 합니다.

9. 감정에 치우쳐서 말하지 말고 '감정'만 말하자

　사람이 감정적으로 동요가 되면 감정의 소용돌이에 빨려 들어가 감정

적으로 대할 때가 많습니다. 남편이 늦게 들어오면 그다음 날 아침밥을

안 차려준다든가, 일을 할 때 같은 직원인데도 감정적으로 불편한 느낌

이 들면 똑같은 실수를 해도 더 화를 내거나 꼽을 주는 경우가 있습니다.

　아이에게도 마찬가지겠지요. 형제, 자매가 있으면 귀여운 자식에게 더

관대하거나, 말썽을 잘 피우는 아이에게는 그 정도로 화를 낼 것이 아닌

데도 더 화를 내는 경우가 많습니다.

　저 역시 아이와 싸울 때는, 화가 치밀어 아예 묻는 말에 대답을 안 해버

리는 등 침묵을 하는 경우가 있습니다. 잘못된 행동이라는 것을 알지만,

그 순간 감정에 빠져 행동하게 되더라고요.

감정에 치우쳐서 행동하게 되면 아이는 엄마의 행동을 이해할 수 없어 답답하고 속상하고 상처받을 수 있습니다. 그때그때 풀면 다행이겠지만, 푸는 것 없이 그냥 흘러간다면 '엄마는 원래 저런 사람이야. 나를 힘들게 만들어.'라고 단정 짓고 점점 멀리하거나, 멀리하는 자신이 힘들어 죄책감을 가질 수 있습니다.

화가 날 때는 감정에 치우쳐서 행동하거나 말하지 말고, 감정에 대해서만 말해보는 것은 어떨까요? 우선 심호흡을 하고, 아이에게 말해보는 겁니다.

"채린아, 엄마가 장난치지 말라고 여러 번 말했는데도 계속 장난을 쳐서 화가 나. 장난은 서로가 재미있을 때 장난이라고 생각해. 장난을 받는 사람이 불편하다면 그건 장난이 아닌 거야. 지금은 엄마가 화가 나서 너랑 말할 수 없어. 화를 좀 가라앉힌 후에 다시 이야기하자. 엄마에게 시간 좀 줄래?"

쉽지는 않겠지만, 노력하다 보면 이성과 감성을 갖춘 엄마가 되지 않을까 싶네요.

PART 2

감정①화
오늘도 소리 지르고 말았습니다

 엄마라면 화라는 감정을 잘 다루고 싶죠? 엄마는 사랑스러운 내 아이에게 윽박지르지 않고, 좋은 말만 담아주고 싶어 합니다. 해야 할 일이 많으면 금방 지치듯이 화를 안 내려고 노력하는 것보다, 화를 덜 내는 엄마가 돼야지 생각해 보는 것은 어떨까요?

 기준을 낮게 잡으면 엄마의 부담감도 좀 내려놓을 수 있습니다. 화를 덜 내기 위해서 고민하는 시간을 가져보세요. 어떤 상황일 때 화가 나는지, 그때 느끼는 감정과 생각은 무엇인지, 어떤 식으로 생각을 전환하면 화를 덜 낼 수 있을지 생각해보는 겁니다.

 아무리 화가 나더라도, 지켜야 할 선은 꼭 지킨다는 다짐은 있어야 합니다. 한 번의 행동으로 아이에게 씻을 수 없는 상처를 줄 수 있어요. 거울 앞에 서서 외쳐볼까요? "나는 아이에게 좋은 엄마이고, 아이를 위해 화를 덜 낼 수 있도록 노력하는 엄마가 되겠습니다."

아이의 한마디:

엄마, 나도 짜증을 안 내기보다는 덜 내보도록 노력할게. 나도 다짐할 거야. "저는 엄마한테 하나뿐인 딸이고, 짜증을 덜 내보도록 노력하겠습니다."

1. 오늘도 소리 지르고 말았습니다

어느 날, 유튜브를 보는데 육아 전문가 영상을 보게 되었습니다. 댓글을 보다가 저렇게 육아를 하고 싶은데 항상 실패하는 자기 자신을 보고 엄마로서 자존감도 낮아지고, 육아가 너무 힘들다는 글을 보게 되었습니다. 그 부분을 보는데 공감이 되더라고요.

주위를 둘러보면 모두 육아를 잘하고 있는 것 같아 혼자 자책감에 빠져본 적이 있지 않나요?

육아서를 보고 글을 쓴 저자의 행동이나 말을 보고 '나도 좋은 엄마가 돼야지.' 수만 번 되뇌며 육아 팁을 내 아이에게 적용해보기도 합니다. 하지만 말처럼 쉽지 않죠. 순간의 감정을 조절 못 해 윽박지르는 자기 자신을 보며 육아 자신감이 떨어지기도 합니다.

제 친구 P는 천성적으로 온순한 성격을 가졌습니다. 20년간 알아왔는데도 P가 화내는 것을 본 적이 없네요. 저는 P가 엄마가 되면 완벽한 육아를 할 거로 생각했습니다. 아이에게 화를 내지 않고 현명하게 잘 대처하는 엄마가 되리라 확신했습니다.

엄마가 된 P는 어땠을까요? P는 저에게 말합니다. 자기가 이렇게 화가 많은 사람인 줄 몰랐다고요. P는 육아하면서 새로운 나와 마주하게 되었습니다. 육아는 그렇게 30년간 몰랐던 나라는 정체성을 깨닫게 해주기도 합니다.

저 역시 마찬가지입니다. 지금 온라인에서 육아 콘텐츠를 기획하고 글을 쓰고 있지만, 항상 현실 육아에서는 작아지네요. 제 글을 보는 분들은 육아를 잘할 거로 생각하지만, 실상은 그렇지 않습니다. 연구하면 할수록 이론과 차이가 있는 분야라고 느낍니다.

저와 제 친구 P처럼 상당수의 부모가 육아에 대해 고민할 것입니다. 그중에서 '화'라는 감정을 잘 다루고 싶을 거예요. 육아의 신이 아닌 이상, 화 안 내고 대화하기는 힘들지라도 분명 저처럼 평범한 부모라면 화를 덜 내고 대화는 할 수 있다고 봅니다.

오늘도 화내고 말았다고 자기 자신을 혐오하거나 자책하지 마셨으면 합니다. '나는 욱하고 감정 조절이 힘든 엄마지만, 아이의 좋은 점을 잘 관찰하고 칭찬해주는 엄마가 돼야지.' 이처럼 자기만의 기준을 갖고 육아 하셨으면 합니다. 자기가 지킬 수 있는 선에서 목표를 낮게 잡아 시도해 보셨으면 합니다.

화를 안 내고 완벽한 어른의 모습으로 대한다면 좋겠지만, 단점은 있지만 누구보다 아이를 사랑하는 마음을 인식시켜주는 일이 가장 중요하다고 생각합니다.

2. 말 안 듣는 아이는 엄마 치트키 꺼내기

언제 봐도 예쁘고 소중한 내 자식이지만, 말 안 듣는 아이 때문에 힘든 경험 다들 있으시죠? 아니 말 잘 듣는 아이가 이상할 정도로 아이들은 부모 말 참 안 듣습니다.

아이가 말을 안 듣는다고 윽박지르면 될까요? 윽박지른다고 아이가 말을 잘 듣지도 않죠.

더 소리를 지르거나 심지어는 부모를 때리기도 합니다. 아니면 주눅이 들어 자존감이 낮아지는 모습을 보이기도 합니다.

말 안 듣는 아이를 어떻게 하면 현명하게 대처할 수 있을지 많은 부모가 고민합니다. 말 안 듣는 아이 때문에 힘드신 부모에게 육아서에서 보고, 제가 적용했던 몇 가지 팁을 드리려고 합니다.

저는 아이가 요리한다고 냉장고를 열어 여러 가지 식자재가 널브러져 있으면 화가 날 때가 있습니다. 그럴 때는 "이렇게 더럽히면 어떡해? 얼른 정리해."라고 말하지 않고, "냉장고에 제때 넣지 않으면 음식이 상할 수 있으니 정리해줄래?"라고 사실 그대로 이야기해주려고 노력합니다. 아이는 '아, 그렇구나.'라고 사실을 받아들여 정리할 때가 있습니다.

한창 바쁘게 밥을 차리고 있는데 다 큰 아이가 멀뚱멀뚱 놀고 있으면 화가 날 때가 있습니다. "엄마, 일하는 거 안 보여? 도와줄 생각이 안 드니?" 이렇게 말하기보다는 "채린아, 음식 한 것 식탁에 갖다줄래? 엄마가 도움이 필요해."라고 말하면 상황이 더 좋게 흘러갑니다.

엄마와의 약속 시간을 지키지 않을 때는, 타이머를 이용합니다. "몇 분까지 채린이에게 시간을 줄 거야. 그 시간까지 일을 다 끝냈으면 좋겠어."라고 말합니다. 몇 번을 말해도 듣지 않던 아이가 게임을 하듯이 그 시간에 맞추려고 분주히 움직이더라고요. 약속한 시각까지 일을 끝내면 아이를 안아주며 뽀뽀해줍니다.

또한, 부모의 감정을 솔직하게 말해보기도 합니다. 엄마의 이야기를 듣지 않고, 짜증부터 내는 아이에게 "짜증내지 마. 시끄러워."라고 말하기보다는 "채린아, 엄마 이야기가 아직 끝나지도 않았는데 짜증을 먼저 내면 엄마가 속상해."라고 차분하게 이야기해줍니다.

백 마디 말보다 글 하나로 마음이 움직일 때가 다들 있지 않나요? 어질러진 아이 방을 보며 화가 나서 잔소리를 하기보다는 쪽지를 남겨두면 어떨까요?

채린아!
요즘 채린이 방이 많이 어질러진 것 같구나.
엄마는 정리가 안 되어 있으면 방 청소하기가 힘들어.
책상과 밑에 놓았던 것을 정리해줬으면 좋겠어.
앞으로 놓았던 것을 바로 정리하면 더 멋진 채린이가 될 것 같아.
항상 고맙고, 사랑해

아이가 제 쪽지를 보더니 저에게 달려와 안아주고 바로 청소를 하더라고요.

말 안 듣는다고 좌절할 게 아니라, 엄마만의 방식으로 접근해보는 것은 어떨까요?

내 아이를 가장 잘 아는 것은 엄마이기 때문에 아이의 기질, 성격에 따라 이 방법 저 방법 적용해보면 가장 효과적인 방법을 발견할 수 있을 겁니다.

아이가 짜증을 낼 때는
있는 그대로 아이의 감정을 읽어주세요.

3. 아이에게 번번이 소리를 지르면 안 되는 이유

아이와 같이 있다 보면 화를 내는 상황이 많이 있습니다. 아이가 정말 큰 잘못이나 거짓말을 했을 때 화가 날 수 있지만, 굳이 화를 크게 낼 상황이 아닌데도 화가 난 적이 있지 않나요?

부모는 아이의 행동에 대해 좋게 말할 수 있는데, 왜 소리부터 지르게 되는 걸까요?

아이는 부모가 하지 말라고 하는 데도 말을 안 듣고 소파에서 쿵 내려온다든지, 소리를 크게 지르는 경우가 있습니다. 이때, 부모는 아이가 자신의 화를 돋운다고 생각해서 화를 내기도 합니다. 또 어떨 때는 실수로 컵에 있는 물을 엎지르는 등 좋게 이야기할 수 있는 상황에서 소리부터 나가는 경우가 있습니다.

부모가 소리부터 나가는 것은 아이를 자신보다 약자로 보기 때문입니다. 힘의 크기가 어른이 더 세기 때문입니다. 마치 군대에 있는 교관처럼 카리스마 넘치는 목소리에 아이가 압도당할 수 있어서 소리부터 지르는 겁니다.

그렇다면, 매번 소리부터 지르는 부모 밑에서 자라는 아이는 어떻게 자랄까요?

겁에 질린 이등병처럼 항상 경직되어 있고, 불안에 휩싸여서 소심해집니다. 아니면 반대로 부모와 똑같이 조그마한 일에도 소리부터 나가 사람들에게 공포감을 심어주고 자기의 힘이 우위에 있다고 과시하는 사람이 될 가능성이 큽니다.

일을 하다 보면 갑질하는 사람을 본 적이 있죠. 판매한 사람의 잘못이 아닌데도 이야기로 좋게 마무리하지 않고 소리를 지르고 화를 내고 상사를 안 불러오면 여기서 나갈 수 없다는 등 협박을 하는 사람도 있습니다. 그리고 끝끝내 자신의 의견을 내세워 이득을 취하기도 하고, 상대방에게 씻을 수 없는 상처를 주기도 합니다.

화를 이용해서 상대방을 통제하기보다는 충분한 이야기를 통해 해결하여 현명하게 대처하는 법을 아이에게 알려줘야 합니다. 그렇다고 화를 내는 부모라고 자책은 하지 마시고, 굳이 화를 낼 상황이 아닌데 혹은 화를 내지 않더라도 잘 해결될 수 있는 문제인데 화부터 내는 부모가 되지 않도록 노력을 해보자는 겁니다.

4. MZ엄마는 화도 똑똑하게 낸다

육아는 하루에도 수십 번 욱하는 상황이 생기는데요. 육아서에서는 아이가 상처받는다고 '화'를 내지 말라고 조언하는 내용이 많습니다. 과연 화 한 번 내지 않고 육아하는 게 쉬울까요? 몇십 년 수련을 받은 전문가가 아니고서야 화 안 내면서 육아하기는 정말 힘듭니다. 저를 포함해서 우리는 모두 평범한 엄마이고 엄마이기 전에 인간이기 때문에 화를 안 낼 수는 없습니다.

MZ세대의 특징은 기존 방식에서 벗어나 새로운 것을 창출해내는 것입니다. 화를 다스리는 힘도 비슷할 것 같아요. 화를 안 내기보다 화를 내더라도 어떻게 하면 최대한 아이에게 상처를 주지 않고 낼 수 있을지 고민해보는 겁니다.

일단은 화가 날 만한 상황이 발생했을 때, 아이에게 먼저 언질을 주면 어떨까요?

"엄마가 지금 화가 (목을 가리키며) 여기까지 올라왔어. 연지가 조금만 더 하면 머리끝까지 화가 올라갈 것 같아."라고 먼저 말로 경고를 하는 겁니다. 경고하기 전, 화를 내는 것과 경고를 한 후, 화를 내는 것은 전혀 다른 반응을 보이겠죠. 아이는 제 화가 난 표정을 볼 때면 가끔 "엄마, 화 어디까지 왔어?"라고 물어보고 제 눈치를 보며 조절을 합니다.

또한, 사람은 각자의 기준이 있습니다. 그 기준에서 벗어나는 행동을 했을 때, 못 참는 경우가 많습니다. 화가 나는 상황도 마찬가질 거예요.

"나는 아이가 엄마를 속였을 때 너무 화나."
"나는 아이가 아무 이유 없이 동생을 때릴 때 너무 화나."
"나는 아이가 집 안을 어지럽히면 너무 화나." 등등 있을 거예요.

이럴 때는 아이에게 확실히 말해주는 게 좋습니다. 이 부분은 엄마가 중요하게 생각하는 부분이니 꼭 지켜 달라고 이야기해주고, 그 부분이 지켜지지 않으면 단호한 모습도 보여야 합니다.

그리고 마지막으로 중요한 부분이 있어요. 화를 내지 않도록 스스로 다짐을 정하는 겁니다.

아이를 때린다거나, 욕설을 하는 등 평생 씻을 수 없는 상처를 절대 주지 않겠다는 다짐입니다. 아무리 화가 나도 이것은 내가 꼭 지켜야겠다는 생각을 한다면 극단적인 상황까지는 가지 않습니다. 화가 많은 엄마는 아침에 일어나서 거울을 보며 다짐을 해봐도 좋습니다.

"나는 아무리 화가 나도 아이를 때린다거나, 욕설하지 않겠습니다.

나는 아이와 좋은 관계를 이어나갈 수 있도록 노력하겠습니다."

육아하다 보면 화를 안 낼 수는 없는 것 같아요. 화를 안 낸다는 것은 엄마들에게 도를 닦는 도인이나 신이 되라는 말과 같다고 봅니다. 화를 낼 수는 있지만 MZ세대답게 똑똑하게 화를 내는 엄마가 됩시다.

5. 아이 감정 다루기는 엄마의 감정 그릇과 비례한다

아이 방학으로 육아하는 시간이 늘어난 요즘입니다. 초등 아이는 유아기 때와 달리 감정이 더 섬세하고 예민해서 감정을 읽어주기가 힘들 때도 있습니다.

올바르게 감정을 다루는 일. 과연 뭘까요?

흔히 부모들이 아이가 좋은 감정일 때는 칭찬을 해주고 웃어주지만 "아이, 짜증 나." 등 부정적 감정일 때는 욱하기도 하고, 정색하기도 합니다. 부정적 감정도 사람이 느끼는 수많은 감정 중 하나인데 너무 몰아세우지 않았나 하는 생각이 들 때가 있습니다. 아이가 아이스크림을 먹고 더 먹겠다고 떼를 쓰는데 엄마는 아이의 행동에 화가 납니다. 아이는 엄마를 화나게 하려고 떼를 쓰는 게 아니고 단지 먹고 싶다는 생각, 감정에 따라 행동하는 것뿐인데요. 아이의 감정에 끌려가지 말고 좋은 방향으로 이끌어주는 것이 부모의 감정 다루기 방법인 것 같습니다.

그럼 아이가 감정을 잘 다루려면 어떻게 해야 할까요?

먼저 자기감정을 숨김없이 잘 표현하는 아이는 감정이 풍부합니다. 그래서 화가 났을 때, 울고 싶을 때, 기쁠 때 가감 없이 표정에 다 드러냅니다. 감정이 솔직한 아이는 자기감정에 대해 잘 알기 때문에 자기 조절력이 뛰어납니다.

아이가 친구와 싸워 속이 상해 울고 있다면, 충고할 게 아니라 그냥 울게 두세요. 부모는 어깨만 빌려주는 겁니다. 한껏 울고 나면 마음이 진정되고, 자기 스스로 상황을 긍정적으로 바라볼 수 있을 겁니다. 어른도 힘든 일이 있을 때, 울고 나면 속이 시원해지잖아요.

감정은 흘러가게 두어야 합니다. 막으면 안 됩니다. 하수구가 막혀 고장이 나는 것처럼 감정도 억압하면 마음의 문이 닫히게 됩니다. 그러면 다른 좋은 감정들까지 느끼지 못하게 돼요. 감정의 몽우리가 생기지 않도록 다 털어내는 게 중요합니다.

아이가 어려움이나 힘든 일이 있을 때, 부모는 그것을 해결해주려고 하죠. 그럴 때는 충고보다는 공감만 해주세요. 마음에 안 드는 친구와 아이가 가까이 지낸다고, 아이 문제에 지나치게 개입해서 말하기보다는 아이가 그 친구에게서 받았던 상처에 대해 공감을 해주는 겁니다. 소중한 사람일수록 소중히 대해야 한다는 이야기를 통해 그 친구가 나에게 소중한 존재인가를 스스로 일깨울 수 있도록 도와주는 게 좋습니다.

자기 효능감이 낮은 아이는 매사 뭐든 자신감이 부족합니다. '얘는 누굴 닮아 이러는 거야.'라고 아이를 비난하기보다는 아이의 입장에서 생각해주세요. 한 번에 큰 목표를 정하기보다는 작은 목표를 정합니다. 아이가 스스로 했다는 성취감을 느끼는 경험을 여러 번 느끼게 도와주는 겁니다. 예를 들어 책 한 권 읽기가 버겁다면 몇 페이지를 정해서 꾸준히 읽어 책 한 권을 다 읽었다는 성취감을 맛보게 하는 것도 좋습니다.

아이와 부모 모두 화가 심하게 났을 때는, 대화할수록 상황이 더 꼬이거나 상처를 주는 말로 심각해질 수 있으니 잠시 떨어져 있는 것도 좋습니다. 각자 방에서 화를 다스릴 수 있도록 호흡을 길게 하거나, 잔잔한 음악을 틀어 마음을 정화해주는 겁니다. 그리고 상대방의 입장에서 생각을 한 후, 대화를 시도해보세요.

이때, 중요한 부분은 아직 감정이 덜 풀렸을 때는 대화를 하지 않는 겁니다. 2차 싸움으로 번질 수 있으니 꼭 마음이 어느 정도 진정이 되고, 아이가 어떤 이야기를 해도 받아들일 수 있을 때 대화를 하는 게 좋습니다.

또한, 요즘 지나치게 아이가 짜증을 부린다거나 부모가 화를 많이 내고 있다면, 자기 현재 상황을 돌아보는 시간을 가져보는 것도 좋습니다. 잠시 쉬어가면서 자신이 좋아하는 활동을 하며 삶의 에너지를 좋은 에너지로 바꿀 수 있도록 노력해보는 겁니다.

초등학교 고학년이 되면 호르몬 변화로 아이 감정이 시시각각 변할 때가 많습니다. 아이를 품어준다 생각하고 항상 공감해주고 아이 입장에서 생각한다면, 아이도 부모님이 나를 많이 사랑하신다는 것을 느낄 거예요. 그리고 감정을 스스로 조절해볼 수 있도록 노력할 겁니다. 시간이 지나면 언제 그랬냐는 듯이 감정을 잘 다스리는 아이로 성장해 있을 겁니다.

6. 스마트폰과의 전쟁, 어떻게 해야 할까?

　부모님이 아이를 키우면서 가장 걱정되는 부분인 게임, 스마트폰 시간 관리와 현명하게 대화하는 법에 관한 이야기를 해보겠습니다. 아이가 커 갈수록 게임과 스마트폰 노출 시간이 길어집니다. 아예 안 보여줄 수도 없고, 시간을 정해서 보여주고 싶은데 아이가 말을 안 들어 힘들어하시는 부모님들이 많을 겁니다.

　스마트폰을 보고 있는 시간 동안 아이의 뇌는 정지 상태로 뇌 발달에 좋지 않습니다. 또한 장시간 노출되면 감정 컨트롤하기가 힘들어져 떼를 쓰거나 분노를 쉽게 표출하기도 합니다. 스마트폰과 게임이 아이에게 안 좋은 영향을 끼친다는 것을 알면서도 부모는 일이 바빠지거나 아이가 계속 놀아달라고 떼를 쓰거나 비 오는 날이어서 바깥 활동을 못 할 때는 힘든 육아를 스마트폰에 의지하게 되기도 합니다.

아이나 부모나 제어하기 힘든 스마트폰 사용을 어떻게 하면 지혜롭게 할 수 있을까요?

먼저 아이와 부모가 같이 '규칙'을 만들어보는 것은 어떨까요? 부모의 의견이 아닌 아이와 서로 대화를 통해 규칙을 만들어보는 겁니다. 저는 주중에는 스마트폰, 게임을 금지하고 주말에는 부분적으로 허용을 했습니다. 주중에는 어른도 아이도 일하고 공부하느라 정신없이 지나갑니다. 그리고 주말이 되면 온전히 자신만의 시간을 갖고 싶잖아요.

침대나 소파에 널브러져 맛있는 간식을 먹고, 영화나 유튜브를 보며 재충전하는 시간을 가지고 싶듯이 아이도 그러고 싶을 거라는 생각을 했습니다. 어른에게도 워라밸 시간이 있듯이 아이에게도 스라밸(study and life balance) 시간을 주기로 했습니다. 그동안 저도 책이나 유튜브를 보며 저만의 워라밸을 즐겼습니다.

주말에는 제지하지 않지만, 장시간 스마트폰을 보지 않도록 몇 시간 나가서 운동을 하거나 놀러 가기도 했습니다. 그렇게 주말에만 허용적으로 스마트폰을 하게 되니 아이도 스마트폰을 하다가 다른 놀이를 하기도 하고, 재미없다며 바깥 활동을 더 하게 되었습니다.

주중에는 엄격히 스마트폰을 통제하고 저 또한 아이가 있는 앞에서는 스마트폰을 하지 않았습니다. 이렇게 규칙을 정하고 나니 아이와 갈등 상황이 현저히 줄어들었습니다.

게임을 좋아하는 아이와 갈등이 있는 부모님은 아이와 대화를 통해 갈등을 해결해나가는 게 좋습니다. 아이에게 윽박지르기보다는 아이가 어떤 생각을 하고 있는지 물어보는 시간을 가져보는 것은 어떨까요?

"게임 얼른 꺼. 온종일 게임이야? 커서 뭐가 될래?"라고 말하기보다는 "친구랑 게임할 때 재미있니?", "요즘은 어떤 게임을 많이 하니?", "다음에는 엄마랑도 같이 해볼까?", "게임을 자주 하면 눈도 나빠지고, 선정적인 부분이 있어 엄마는 걱정이 될 때가 있어."라고 솔직하고 진솔한 대화를 나누어보세요.

스마트폰과 게임이 무조건 나쁘다고 제지하고 혼내기보다는 현명한 대화법과 방법으로 갈등을 잘 해결했으면 좋겠습니다. 같이 유용한 콘텐츠를 보거나 게임을 하면서 이야기 나누어보는 시간을 가져보는 것도 좋습니다.

7. 화내지 말고 분노 일기를 쓰자

저는 몇 개월 전부터 매일은 아니지만 일기를 쓰고 있습니다. 예전에는 일기를 쓰면 일과 중에 느꼈던 고마운 감정에 대한 일기를 쓰려고 노력했습니다. 하루하루 감사하는 마음을 담아 만족하는 삶을 살려고 했거든요.

하지만 감사하는 마음은 그때뿐, 다른 사람이 저에게 모욕이나 상처를 줄 때나 육아로 인해 화가 많이 치밀어 오를 때는 감정이 통제가 안 됐습니다. 그래서 쓰게 된 게 '분노 일기'입니다.

화가 만들어지는 단계는 어떠한 사건이 일어나고, 그 사건에 대해 생각을 하게 되는 게 시작입니다. 그리고 그 생각으로 감정이 욱해져서 버럭 하는 상황이 발생하게 됩니다.

여기서 우리가 통제할 수 있는 것은 뭘까요? 사건은 예측이 불가능한 일이 많기 때문에 통제할 수는 없고, 감정 또한 불쑥 찾아오기 때문에 통제할 수 없습니다.

그러면 '생각'은 어떨까요?

만약 아이가 실수로 주스를 쏟았습니다. 카펫이 젖었네요. 어떤 엄마는 "아, 어제 빨았는데 또 빨게 생겼네. 그러니깐 조심 좀 하지."라고 생각하며 화가 날 수 있고, 또 어떤 엄마는 "또 빨면 되지. 앞으로는 주스를 마실 때, 손잡이를 잘 잡고 마셔."라고 유연하게 넘어갈 수도 있습니다. 이처럼 어떠한 사건이 발생했을 때, 사람에 따라 의미를 부여하는 게 다릅니다. 만약 우리가 '생각'을 달리한다면 10번 화낼 것을 5번 정도 줄일 수 있지 않을까요? "말이 쉽지 막상 화가 날 사건이 발생했을 때, 그렇게 생각하기 쉽지 않아요." 하시는 분들은 육아가 끝나고 일과를 생각하면서 분노 일기를 써보세요. 내가 어떤 사건으로 무슨 생각이 들어서 화가 났는지를 적어보는 겁니다. 막상 글로 표현해보면 굳이 화를 낼 상황이 아닌데 화가 난 적이 분명 있을 겁니다. 그럴 때는 생각을 달리해봐야겠다고 생각하고 생각의 변화와 다짐을 써보는 겁니다. 물론 그렇게 한두 번 썼다고 해서 화가 안 날 수는 없지만, 그 기록들이 몇 번 쌓이다 보면 화가 날 상황에서 생각을 달리할 힘이 반드시 생길 겁니다.

제가 썼던 분노 일기를 예로 들어서 설명해보겠습니다. 저는 분노 일기를 쓸 때, 사건과 그때 들었던 생각 그리고 감정에 대해 씁니다.

사건 : 토요일 오전이었다. 아이가 학교에서 친구와 약속이 있다며 데려 달라고 부탁했다. 청소하는 중이었고, 세탁기는 10분 후면 빨래가 종료되는 시점이었다. 막 점심을 먹고 난 후라 설거지는 쌓여 있었다. 나는 아이의 약속 시간까지 맞추기 위해 분주히 집안일을 했다. 아이는 방에서 뭔가를 만들고 있었다. 친구와의 약속 시간이 다가오자, 아이가 짜증을 내며 얼른 데려다 달라고 했다. 순간, 나도 짜증이 나서 아이에게 화를 냈다.

생각 : 엄마는 친구와 약속을 지켜주려고 열심히 집안일을 하는데, 얘는 뭐 하는 거야? 도와 달라고 말하지 않아도, 알아서 도와줘야 하는 거 아냐?

감정 : 화, 짜증, 실망감, 서글픔, 분노

저는 여기서 통제할 수 있는 생각을 바꿔보려고 합니다. 그리고 바꾼 후의 생각을 글로 남깁니다.

바뀐 후 생각 : 아이는 아직 어려서 자기 생각만 할 수 있어. 친구 약속 시간이 다가오니 재촉할 수밖에 없지. 엄마가 설거지, 청소, 빨래해야 한다고 생각 못 할 수 있어.

또한, 집안일이 자기 일이 아니라고 생각해서 도와줘야 한다는 생각을 못 할 수 있지. 그럴 때는 아이에게 "엄마가 아직 집안일을 못 끝내서 너를 그 시간까지 데려다주지 못할 수 있어. 엄마가 청소기를 돌리면 걸레질 좀 도와줄래? 빨래가 다 끝나면 같이 건조대에 널어 줄 수 있니?"라고 먼저 요청해보자.

이렇게 생각을 정리하고 나니 다음에 비슷한 일이 생길 때마다 부정적 생각이 아닌, 긍정적 생각으로 바뀌었습니다. 또한, 내가 어떠한 감정이 있었는지를 글로 풀어서 쓰니 스트레스 해소와 진정 효과가 있었습니다. 나중에 분노 일기를 들춰볼 때는 별것도 아닌 일에 내가 화를 냈구나 반성도 되었습니다.

화가 난다면, 감사 일기도 좋지만 분노 일기를 써보는 것은 어떨까요?

PART 3

감정 ② 답답함
우리 아이는 도대체 왜 그럴까?

가끔 내 마음도 모르겠는데, 아이의 마음을 알아준다는 것은 쉽지 않습니다.

엄마밖에 모르던 아이가 엄마가 싫다며 마음이 돌아설 때가 있을 것이고, 어제까지만 해도 엄마 말을 잘 듣던 아이가 갑자기 반항하는 경우도 있습니다. 대부분의 부모는 아이의 행동이 이해 안 될 때, 아이 잘못으로 생각합니다. 아이가 예민해서, 감정적이어서, 별나서 그런 거라고 치부하고 있지 않나요?

하지만 자세히 들여다보면 아이만의 문제는 아닙니다. 엄마의 무관심과 아이의 마음을 헤아리지 못해 그런 경우가 더 많습니다. 답답한 아이를 혼내거나 아이를 몰아세우지 말고, 진솔한 대화를 해보세요. 아이 말

에 분명 정답이 있을 겁니다. 엄마의 공감과 따뜻한 말투는 꽁꽁 얼어 있

던 아이의 마음을 녹이게 될 거예요.

아이의 한마디:

엄마가 내 행동이 이해가 안 될 때 이런 생각을 하는지 몰랐어. 엄마와 대화하다 보면 속상했던 마음도 풀려. 나는 엄마와 대화할 때가 제일 좋아.

1. 아이의 부족함은 엄마 욕심이다

부모라면 아이에게 바라는 욕심 하나 이상은 있을 겁니다. 아이가 공부를 잘했으면 좋겠고, 운동이나 악기 하나는 능숙하게 잘했으면 좋겠고, 어른들에게 예의 바르고 자존감도 높은 아이가 되었으면 하는 바람 같은 거요. 부모의 이상은 크고 아이가 잘 따라와 줬으면 좋겠지만, 현실은 부모 기대보다 못 미칠 때가 많습니다. 수학 학습지 숙제를 가져왔는데 쉬운 것조차 이해 못 하는 아이를 보며 복장이 터질 때가 있고, 몇 번이나 가르쳐줬는데도 금방 잊어버리는 아이를 보며 화가 날 때도 있죠. 아이의 부족함은 아이의 문제이기보다 엄마의 욕심에서 나오는 것으로, 기대에 못 미칠 때 실망하고 화를 내는 겁니다.

아이의 부족함으로 속상하고 답답할 때 이렇게 해보는 것은 어떨까요?

수학을 잘 모르는 아이에게는 손이나 그림을 그리면서 수학 원리를 스스로 깨우치는 시간을 갖게 해보는 겁니다. 몇 번씩 그림으로 이해하게 되면 기호의 의미를 알게 될 것입니다. 더디더라도 꺾이지 않는 마음으로 풀다 보면 수학을 실생활에 활용해보기도 하고, 재밌어하지 않을까요?

또한, 하루에 한 장 수학 학습지를 푸는 것을 힘들어하는 아이라면 반장이나 한 쪽 아니면 두세 문제만 꾸준히 풀 수 있도록 습관을 들이는 게 중요합니다.

야채나 몸에 좋은 음식을 가리는 아이에게는 달력에 오이 먹는 날, 버섯 먹는 날 등등 야채 데이를 표시해보는 것은 어떨까요? 아이들은 기념일을 좋아합니다. 크리스마스, 밸런타인데이, 화이트데이, 빼빼로 데이 등 기념일이 있을 때마다 항상 챙기는 아이들이네요.

이 부분을 육아에 적용해보는 겁니다. 먹기 싫어도 끝까지 먹은 아이에게 칭찬과 좋아하는 간식을 줘서 격려하는 것도 좋습니다.

말을 느리게 하는 아이에게는 연필을 입에 물고 어린이 신문을 읽게 해보는 겁니다. 정확한 발음과 속도가 될 수 있게 옆에서 도와주세요.

아이가 발표하는 것을 힘들어한다면 집에서 '소리 내어 책 읽기' 영상을 찍어보는 것은 어떨까요? 그 영상을 보고 아이는 '아, 내가 책을 읽을 때 이런 모습이구나. 조금만 더 크게 읽어봐야겠다. 발음을 정확하게 또박또박 말해봐야겠다.'라고 생각할 수 있습니다. 일주일에 한 번씩 변화된 모습을 찍어보는 겁니다. 아이는 영상을 보며 매번 수정할 거고 나중에 성장한 모습을 보고 뿌듯함을 느낄지도 몰라요. 그 성취감은 이루 말할 수 없겠죠.

청소를 싫어하는 아이라면 청소하는 모습을 찍어보는 겁니다. 아이가 "왜 그런 걸 찍어요?" 물으면 "채린이가 열심히 하는 모습을 담아두고 싶네."라고 말해보는 거예요. 아이는 엄마가 나에게 관심이 많다고 생각하면서 어쩜 자진해서 더 열심히 청소하는 모습을 보이지 않을까요?

아이가 부족하다고 해서 윽박지르지 말고, 흥미를 끌어올려 성장할 수 있도록 북돋아주세요. 좀 더 현명한 방법을 적용해서 긍정적 방향으로 이끌어주는 게 관계 형성에 큰 도움이 됩니다.

2. 아이가 이유 없이 짜증을 부린다면

어느 날, 아이가 아무 이유 없이 짜증이 늘었을 때가 있지 않나요?

도무지 이유를 모르겠고, 온종일 징징대는 아이를 보면 진이 빠집니다. 저도 요즈음 그랬는데요. 아이랑 사이좋은 관계를 이어가고 있었는데, 갑작스럽게 짜증을 많이 부리는 겁니다.

이유를 물어봐도 모르겠다고 하고 며칠을 퉁명스럽게 얘기하고 짜증 섞인 말을 계속 내뱉더라고요. 감정을 읽어줘도 달래도 보고 무관심도 해봤지만, 아이가 짜증이 많아져 끝끝내 저도 화를 내버리고 말았습니다.

그렇게 우리는 한바탕 싸우고 서로 대화하는 시간을 가졌습니다. 아이는 자신도 이유를 모르겠다고 하더라고요. 그냥 사소한 거에도 엄마가 밉고, 싫어져서 짜증이 난다고 했습니다.

저는 왜 그럴까? 곰곰이 생각하다가 혹시 엄마에게 쌓인 게 있냐고 물었습니다. 아이는 잠시 생각을 하다가 저에게 이런 말을 했습니다.

"사실 엄마 요즘에 나한테 신경을 안 쓰는 것 같아. 내가 학교 이야기를 하고 있으면 건성으로 '응, 응'이라고 하며 엄마 일에 열중하잖아. 내 이야기를 공감하며 주의 깊게 들어주지 않아서 그동안 쌓였던 것 같아."

요즘 저는 계획하는 일이 있어, 바쁜 하루를 보내고 있는데요. 일에 열중하고 있느라 아이 말에 소홀했던 적이 있었습니다. 그게 몇 번 쌓이니 아이는 저에게 화를 내고 짜증을 냈던 거였습니다.

모든 관계의 갈등은 쌍방이기 때문에 누구 한 명의 잘못으로 관계가 틀어지지 않죠. 아이와의 관계도 마찬가지입니다. 저는 아이가 짜증을 부릴 때마다 아이 잘못으로 봤지만, 자세히 문제를 들여다보니 아이에 대한 무관심이 일을 키우고 있었습니다.

세상에 그냥 일어나는 일은 없습니다. 아이가 갑자기 하지 않던 행동을 하거나, 짜증이나 화가 늘었을 때는 아이를 관찰하고 충분한 대화를 통해 왜 문제 행동이 일어나는지 알아보는 시간을 가져야 합니다. 아직 아이는 자신의 감정을 제어하지 못하고 생각이나 감정을 표현하지 못하니 부모가 옆에서 이해해주고, 알아주면서 살뜰히 챙겨줄 수밖에 없습니다.

아이와 갈등으로 힘드신 분들은 오늘 진솔하게 대화하는 시간을 가져보는 것은 어떨까요?

감정을 다룰 줄 아는 엄마는 흔들리지 않는다

엄마는 유일하게 아이가 힘들 때
찾아올 수 있는 안전기지,
담아줄 수 있는 존재입니다.

3. 형제, 자매 사이 싸울 때는 이성적이어야 한다

　형제, 자매, 남매를 키우시는 부모라면 아이들이 싸울 때마다 어떻게 대처해야 하는지 한 번쯤은 고민을 해보셨을 겁니다. 저는 외동을 키우고 있어서 형제, 자매, 남매를 두신 부모님들의 마음을 다 헤아리지는 못해요. 하지만 저는 4남매에 셋째 딸로 어릴 때, 언니나 동생과 자주 싸웠던 기억이 있습니다. 저는 언니랑 싸웠을 때, 부모님이 네가 동생이니까 언니 말을 잘 들으라고 하셨고 동생과 싸웠을 때는 누나인 네가 양보하라고 말씀하셨습니다. 저는 부당함을 느끼고 부모님은 내 마음을 몰라준다고 느꼈습니다.

　요전 날 사촌 조카와 딸이 싸우는 모습을 보게 되었습니다. 전 제 어릴 적 기억을 되살려 '형제, 자매가 싸웠을 때, 부모님이 이렇게 해주셨으면 어땠을까?' 생각하게 되었습니다.

조카와 딸은 성향이 달라요. 조카는 내성적인 아이여서 혼자 있는 것을 좋아하고, 제 딸은 외향적이어서 같이 함께하는 놀이를 좋아합니다. 둘 다 지지 않으려는 성격 때문에 자주 싸우기도 하고 또 금방 화가 풀려서 잘 놀기도 합니다.

어느 날, 둘이 심하게 싸우게 되었고 큰형부를 통해 사촌 조카가 왜 화가 났는지 듣게 되었습니다. 같이 있던 아버지가 제 딸이 언니를 무시하는 것 같다고 교육을 잘하라고 얘기했습니다. 물론 아버지는 사위 앞이라 전후 사정을 묻지 않고, 저에게 나무라는 것 같았어요.

저는 바쁜 형부와 언니를 대신해서 사촌 조카를 자주 돌봐주었습니다. 갈등은 누구 하나의 잘못으로 발생하지 않듯이 제가 지켜본 바로는 항상 둘이 문제가 있었습니다.

저는 누구보다 아이에 대해 잘 안다고 생각합니다. 우리는 밤마다 수많은 대화를 하고, 아이는 어떤 행동에 있어서 항상 이유가 있었지요. 속상한 마음이 있었지만, 항상 바쁜 부모를 둔 조카도 안쓰러워 아이를 따로 불러 이야기를 나누었습니다.

"채린아, 어제 언니가 채린이에게 감정이 상했나 봐. 그래서 오늘 놀러 오지 않은 거래. 은효 언니를 좀 더 배려해주고 이해해주면 안 될까? 언니 말 잘 듣도록 노력해보자."

"왜 나만 노력해야 하는데? 언니는 자기 마음대로 안 되면 나를 때리고 욕해. 근데 왜 나 혼자만 노력해야 하는데? 내가 노력하면 언니는 나에게 뭘 해줄 수 있는데?"라고 말하며 펑펑 울었습니다. 아이의 이야기를 듣고 순간 생각에 잠겼습니다. 아이와 조카는 더는 어린아이가 아니었습니다.

어린이처럼 "사이좋게 지내야지."라고 말해서 "네, 알겠어요."라고 말하는 나이는 지났습니다. 어린아이들도 부모의 강압이나 분위기에 이끌려 그렇게 대답하지만, 속으로는 제 딸처럼 부당하다고 화가 났을 수도 있겠지요.

형제가 싸웠을 때는, 한쪽 이야기로만 판단하지 말고 두 명의 이야기를 각각 따로 들어보는 것이 좋습니다. 누구의 편을 드는 것이 아닌 정확하고 이성적인 자세가 필요합니다.

그리고 각자 입장의 이야기를 들은 후, 화난 부분에 대해서 먼저 인정을 해주고 상대방이 이렇게 생각해서 화가 났다는 사실을 말해주세요. 그러면 아이는 언니의 입장을 다시 한 번 생각해볼 수 있고, 오해를 방지

할 수 있겠죠. 각자의 시간을 주고 서로의 기분이 나아졌을 때, 상대방 입장을 공감하고 이해하는 시간을 가지면 좋습니다.

형제, 자매 관계에 갈등이 있을 때는 깊게 개입은 하지 마세요. 아이가 스스로 고민하고 납득이 될 수 있도록 상대방 생각을 말해주는 게 부모가 할 수 있는 일입니다. 형제, 자매가 있으신 분들은 제 글을 읽고 한번 고민하는 시간이 되었으면 좋겠습니다.

4. 아이의 행동이 이해가 안 될 때

가끔 한 번쯤 아이의 행동이 이해가 안 될 때가 있습니다. 배변 훈련을 잘하던 아이가 대놓고 쉬야나 응가를 하지 않나, 얌전하게 밥을 잘 먹다가 일부러 음식을 이리저리 흘릴 때도 있고, 말을 참 잘 듣다가 어떨 때는 엄마가 아끼는 물건을 망가뜨릴 때도 있습니다.

예전에 저는 아이의 행동에 화가 났습니다. 모르고 하는 것보다 일부러 엄마의 화를 더 돋우려고 하는 행동에 화가 났습니다. 근데 아이들이 왜 그런 행동을 하는지 알게 되면서 아이를 이해하게 되었습니다.

부모는 아이에게 규칙을 정해줍니다. 꼭 지켜야 하는 규칙. 아이는 부모에게 인정받고 싶고, 사랑받고 싶어 해요. 그래서 부모가 알려주는 규칙을 잘 지키려고 합니다. 근데 불쑥 이런 마음도 떠오릅니다.

'아, 하기 싫어.'

'왜 내 의견 없이 부모 말대로 해야 하는 거야.'

우리가 청소년기 시절, 선생님들 말에 딴지를 걸고 안 듣고 싶어 하는 것처럼 아이들도 부모를 사랑하지만, 자기 마음대로 하고 싶은 마음도 있는 겁니다.

그래서 잘 따르다가 한 번쯤 소심한 반항을 하는 겁니다. 응가를 참았다가 팬티에 응가를 하기도 하고, 벽에 낙서하지 말라고 했는데 부모 몰래 낙서를 하는 것처럼요. 자신을 보호해주는 부모의 말을 거역할 수는 없지만, 자기 뜻대로 하고 싶은 마음이 공존하는 겁니다.

주말 저녁, 딸아이가 유튜브를 보겠다고 하는 겁니다. 저는 어질러진 방 청소를 하고 목욕한 후 봐야 한다고 말했습니다. 아이는 빨리 보고 싶은 마음에 떼를 쓰기도 했지만, 저는 단호하게 안 된다고 했습니다. 아이는 체념을 하고 목욕하러 욕실에 간 후, 저를 불렀습니다. 가보니 화장실 근처 거실이 물바다가 되어 있는 거예요. 예전에 저였으면 소리가 바로 나가겠지만 속으로 생각했습니다.

'이그 엄마의 규칙은 어쩔 수 없이 따라야겠고, 미운 감정을 행동으로 표현하고 있구나.' 그런 생각이 드니, 신기하게 화가 나지 않았습니다.

아이의 행동이 이해가 안 될 때는 아이의 입장으로 생각해보고, 생각을 전환해서 해보는 것도 좋은 방법입니다.

5. 아이가 보내는 시그널을 기억하자

어떤 큰일이 있기 전, 항상 전조 증상이 있습니다. 자연재해가 있기 전, 기이한 자연현상이나 동식물들의 이상행동을 보며 우리는 무슨 일이 일어날 것이라고 직감적으로 느낍니다. 연인과 헤어지기 전, 연락의 빈도가 줄어들거나 서로의 일상에 관심이 없어지면 이별을 예상하기도 합니다. 육아도 예외는 아닙니다. 부모 자녀 관계에서 갈등은 항상 시그널이 있습니다.

예전에 제가 스트레스받는 상황이 생겨서 아이와 제대로 소통할 수 없었던 적이 있었습니다. 얼굴은 억지웃음을 보였지만, 속에서는 오만 가지 생각을 하고 있었기에 엄마가 평소와 다르다는 것을 아이도 느꼈을 겁니다. 아이가 놀아주라고 할 때도 저는 제 감정이 먼저였습니다.

"엄마가 지금은 마음이 편치 않아서 채린이랑 놀아줄 기분이 아니야. 엄마 기분 좀 맞춰줘. 고마워." 자러 가기 전 아이가 쫑알쫑알 말을 해도, 저는 진심 없는 대답을 하고 핸드폰에 열중하고 있었습니다. 그러자 아이가 들릴 듯 말 듯한 목소리로 말했습니다.

"이러면 우리 사이는 멀어질 거야."

핸드폰을 하던 제 손이 순간 멈췄습니다. '내가 잘못 들은 건가?'

"채린아, 뭐라고? 우리 사이가 멀어진다고?"

"응."

"왜 그렇게 생각하는 거야?" 저는 놀랐습니다.

"엄마는 감정 조절을 못 해서 나에게 짜증을 부렸잖아. 내가 놀아주라고 해도 놀아주지도 않고… 지금도 나는 학교 이야기를 하고 있는데, 엄마는 나를 봐주지 않잖아. 이렇게 되면 우리 사이는 멀어지겠지."

저는 아이와 나의 관계를 의심해본 적이 없었습니다. 그것은 모녀 관계이기 때문입니다. 어떠한 일이 있어도 떼려야 뗄 수 없는 관계라고 생각했습니다. 감정의 관계도 마찬가지라고 생각했습니다. 제가 무슨 행동과 말을 해도 우리 관계는 멀어질 수 없다고 생각했습니다. 아니, 그런 생각조차 해본 적이 없었습니다.

하지만 아이는 아니었습니다. 엄마가 나에게 관심이 없고, 자신이 하는 말을 계속 허투루 듣는다면, 우리 관계를 지금처럼 좋게 이어갈 수 없다고 생각했습니다. 아이는 그런 관계가 되기 싫어 저에게 말을 한 거였습니다. 순간 집 나간 멘탈을 다시 부여잡고, 아이에게 말했습니다.

"채린아, 엄마가 진짜 미안해… 엄마 감정만 생각하느라 소중한 채린이를 생각하지 못했어. 지금 마음을 솔직히 말해줘서 고마워. 엄마 감정조절해서 얼른 불편한 마음에서 벗어나도록 노력할게. 엄마는 채린이와 단짝 친구라고 생각해서 멀어지기 싫어."

"엄마, 나도야. 엄마는 내 단짝 친구야. 나도 엄마랑 멀어지기 싫어. 그러니깐 내가 말할 때는 나를 꼭 봐줘."

엄마에게 애교 피우며 귀여웠던 아이들이 사춘기가 되면, 입을 닫는 경우가 있습니다. 부모님이 무슨 말을 해도 짜증이 나고 화부터 난다고 합니다. 언제부터 내 일에 관심이 많았냐고 대들기까지 하지요. 그러면 부모님은 화가 납니다. '내가 지를 키우려고 열심히 돈 벌고 희생하며 키웠건만 저런 말을 하다니….'

그런데 과연 아이를 위한 것이었을까요? 그렇게 관계가 소원해지기 전에 아이가 보냈던 시그널을 무시하지는 않았을까요? 아이가 공격적인 행동을 하면 예민한 기질이라고 생각했고, 아이가 놀아달라고 말하면 귀찮아했었고, 아이가 용기를 내서 속마음을 말하면 "이따가 들을게." 별일 아닌 것에 울고 있다고 무심하게 지나치지 않았을까요?

아이는 자기가 온 마음을 보낸 이야기에 응답하지 않는 부모를 보고 외로웠을 것이고, 소외감을 느꼈을 것입니다. 그리고 점점 입을 닫았을 것이고, 부모님의 대화보다는 혼자 있는 게 편했을 것이고, 서서히 멀어지는 것을 택했을 겁니다.

아이가 보내는 시그널을 기억하세요. 무슨 일이 있다고 해도 그 순간은 아이를 봐줘야 합니다. 나는 너의 말을 진심으로 듣고 있다고. 엄마는 너를 사랑한다고. 너의 마음을 몰라줘서 미안하다고. 아이에게 확고한 믿음을 주세요. 관계는 같이 만들어가는 겁니다.

아이가 문제 행동을 한다고 혼내지 말고,
먼저 부모와의 관계를 되돌아보세요.

6. 단호함보다는 먼저 공감부터 해주자

많은 엄마가 아이들이 4살 때까지는 하지 말아야 하는 행동을 할 때, 왜 안 되는지 친절하게 설명을 해줍니다. 하지만 나이를 한 살 먹을수록 아이들의 말대꾸나 이해가 안 되는 행동이 늘어나면서 우리는 단호하게 "이건 하면 안 되는 거야, 이건 안 돼."라고 강압적으로 말을 합니다.

저 역시 안 되는 것은 안 되는 거라고 단호하게 말해야 한다고 생각했습니다. 하지만 요즘은 '이게 맞나?'라는 생각이 들 때가 있습니다.

예전에 동생 일을 도와준 적이 있습니다. 주 업무가 전화 통화였습니다. 전화 통화를 하다 보면 얼토당토않은 일을 요구하는 사람들이 많았는데, 저는 그럴 때마다 항상 단호하게 말했습니다.

"고객님, 미안하지만 그건 안 되는데요." 그러면 어김없이 짜증과 불만 섞인 대답을 들어왔습니다. 심할 때는 욕까지 들은 적도 있었습니다. 저는 그런 분들이 이해가 안 됐습니다. 뭔가 마음에 들지 않는 일이 있어 나한테 화풀이하나 생각했었습니다.

그 일을 겪고 예전에 시간제 교사를 했을 때의 일이 생각이 났습니다. 한창, 코로나가 한반도를 덮칠 때 어린이집도 최소 인원만 나오고 가정 보육을 하라는 지침이 내려왔습니다.

일주일 정도 선생님들끼리 당번을 정하고 어린이집에 나왔습니다. 그리고 정상 등원을 하다가 확진자 수가 많아지니 가정 보육을 또 하게 되었습니다. 하지만 이번에는 시간제 교사들은 뺀 채 정교사들만 당번을 정해 출근했었습니다. 정부 지침이 내려와 아이가 학교를 못 가는 상황에서 매일 출근을 해야 하는 게 부당하다고 생각했습니다. '그래. 나는 정교사가 아니니까.'라고 생각을 하려고 해도, '시간제 교사는 직원 아닌가.'라는 생각에 주임 선생님을 찾아가 여쭤보았습니다. 아이가 학교에 안 가는 상황이어서 시간제 교사들도 정교사처럼 재택근무를 못 해도 배려해달라는 말이었습니다.

주임 교사는 "선생님, 그건 안 되는 거예요."라고 딱 잘라 말했습니다. 선생님들끼리 회의를 통해 그렇게 결정된 것이라고 머리로는 이해가 됐지만, 마음이 상했었던 경험이 있습니다. 저는 이런 경험을 통해 아이를 이해할 수 있었습니다. 잘못된 일은 단호하게 해야 한다고 말한 거지만, 아이 입장에서는 좌절이고 납득이 안 되는 것이고 명령일 수 있다고 생각하게 되었습니다. 안 되는 거라는 사실을 말하고 싶을 때, 제일 먼저 상대방의 감정을 읽어줘야 합니다.

"아 네가 ○○ 때문에 마음이 상했구나. 힘들었을 것 같아. 하지만 이건 안 되는 거야." 그리고 난 후 최대한 아이가 납득이 갈 수 있도록 설명해줘야 합니다.

저도 그 사실을 깨달은 후, 손님이 막무가내 고집부릴 때 3살 어린아이 대하듯 말합니다.

"아, 고객님. 이래서 기분이 안 좋으셨군요. 정말 속상했을 것 같아요. 근데 죄송하지만, 그거는 저희가 해드리기 힘들 것 같아요. 그 대신 제가 서비스 좀 더 해드릴게요."

이렇게 말하면 큰소리를 내던 고객들도 머쓱한지 언성을 낮추는 경우가 많습니다. 그리고 좀 더 부드럽게 상황이 흘러갑니다.

아이가 잘못된 행동을 했을 때, 얼토당토않은 일을 하겠다고 떼를 쓸 때, 무조건 "그건 안 되는 거야."라고 딱 잘라 말하지 않았으면 합니다.

분노의 싹이 트여 어른이 됐을 때 똑같이 갑질하는 사람이 될 수 있고, 아니면 안 되는 상황에 대해 막무가내 떼쓰기로 다른 사람을 곤란하게 하는 사람이 될 수도 있지 않을까요? 먼저 상대방의 마음에 공감해주고, 안 되는 거라고 말해주기. 최대한 갈등에서 벗어나는 방법인 것 같습니다.

PART 4

감정 ③ 죄책감
사랑하는 마음만으로 충분한데

아이에게 상처를 줬거나 소리를 지르고 나서 엄마에게 찾아오는 감정은 뭔가요? 죄책감이죠.

아이를 선택해서 낳지 못하듯 아이 또한 부모를 선택해서 우리 곁으로 온 것이 아닌데, 아이에게 잘해주기는커녕 혼만 내는 것은 아닌지 마음이 아플 때가 있습니다.

또한, 아이를 위한다고 나를 희생하고 헌신했던 모습이 아이에게 부담을 주고, 엄마의 기대에 못 미쳤다고 아이가 죄책감을 느낀다면 어떨까요? 따지고 보면 육아에서 필요한 것은 많지 않은 것 같습니다. 아이를 사랑하는 마음. 그거 하나면 됩니다. 아이에게 더는 죄책감을 느끼지 말고, 최선을 다하는 모습만 보여주세요. 분명 아이도 엄마의 노력하는 모습을 알 겁니다.

아이의 한마디:

엄마는 나를 위해서 열심히 육아서도 보고 공부하잖아. 나는 엄마가
나를 얼마나 많이 사랑하는지 알아. 나도 엄마를 위해 노력하고 싶어.

1. 엄마의 불안이 아이를 불안하게 한다

아이를 키우는 부모라면 '불안'은 항상 따라다닐 수밖에 없습니다. 발달 시기가 넘었는데도 못 걸으면 신체적으로 문제가 있는 것은 아닌지 불안하고, 다른 친구들은 말을 잘하는데 아직 단어조차 제대로 말하지 못하면 언어적으로 문제가 있는 것은 아닌지 불안합니다. 그렇게 크든 작든 모든 부모는 불안을 달고 사는 것 같습니다.

부모들은 우리 아이가 발달에 맞게 건강하게 잘 컸으면 합니다. 그래서 당연히 발달에 맞지 않게 더디면 불안하고 더 나아가 우울할 수밖에 없습니다. 심지어 내가 아이를 잘 키우고 있는 게 맞나? 자책까지 하기도 하네요.

세 살인 여자아이가 있습니다. 미끄럼틀을 혼자서 타보려고 하는데,

엄마가 불안한지 계속 걱정스러운 얼굴을 하며 "위험해." 안절부절못합니다. 아이는 엄마의 얼굴을 보고 끝내 혼자 미끄럼틀을 타지 못하네요. 엄마가 옆에서 도와주겠다고 해도 아이는 거부합니다. 아이는 이미 엄마의 얼굴을 읽고, 미끄럼틀은 위험하다는 인식이 자리 잡았습니다.

그와 반대로 이제 막 처음 미끄럼틀을 타보려고 하는데 아이에게 엄마가 웃으며 기다리고 있습니다. "괜찮아, 우리 지은이 혼자 할 수 있어. 엄마가 여기서 기다릴게." 말합니다. 아이는 두렵지만, 용기를 내봐요. 몇 번을 이리저리 몸을 움직이다 스스로 미끄럼틀을 타고 내려옵니다.

어떤가요?

무엇을 시도하기 전부터 엄마가 먼저 불안하다면, 아이는 도전을 해볼까요? 엄마의 불안은 아이를 소극적으로 만들고, 조그마한 위험에도 '이건 위험해.' 하고 포기하는 경우가 많겠죠.

머리로는 이 부분이 이해되는데 막상 아이가 다른 아이보다 뒤처질 때, 발달이 느릴 때 엄마는 또 불안할 수밖에 없습니다.

이번에 오랜만에 사촌 조카를 보았습니다. 안 본 사이 사촌 조카 키가 훌쩍 커 있었습니다. 딸아이와 같이 있는데, 키 차이가 크게 나지 않았습니다. 제 딸아이는 또래 아이들보다 작습니다. 친구들하고 키 차이가 나는 아이를 볼 때마다 저도 모르게 스트레스를 받았나 봐요.

'이렇게 성장이 더디다 나중에 성장판이 닫혀버려 키가 안 크면 어쩌지.', '요즘은 아이들이 큰데 키 큰 아이들에게 우리 아이가 치이면 어쩌지.' 스멀스멀 불안이 올라왔습니다. 그래서 〈키 크기 프로젝트〉 계획을 세우고 지금부터 아이와 함께 줄넘기 매일 하기, 우유 더 먹기, 음식 골고루 먹기 등 조금씩 실행을 하고 있었습니다.

근데, 어제 같이 산책을 하다가 사촌 조카 얘기가 나왔습니다. 저도 모르게 "채린아, 저번에 은채랑 채린이랑 같이 서 있는데, 키 차이가 별로 안 나더라고. 우리 더 열심히 키 크기 프로젝트 해보자."라고 말해버렸습니다.

아이는 그 이야기를 듣고 "흥, 나 삐졌어. 엄마에게 실망이야."라고 말했습니다. 저는 순간 미안해져서 "채린아, 미안. 엄마가 굳이 말하지 않아도 될 말을 해버렸네."라고 바로 사과를 했습니다. 아이는 그래도 화가 났는지 저에게 이렇게 말했습니다.

"엄마, 엄마가 그 얘기를 했을 때, 내가 속상할 거라는 생각은 안 해봤어? 지금 엄마랑 같이 키 크기 프로젝트도 하고 있고 나름 열심히 노력하고 있는데, 그렇게 말하면 기분이 얼마나 안 좋겠어. 엄마는 항상 나를 믿고 절대 비교하지 않는다고 생각했는데, 정말 실망이야."

저는 아이에게 자극을 주기 위해 독려 차원에서 말한 거로 생각했지만, 사실은 제 불안이었습니다. 저의 불안이 아이와의 관계를 더 안 좋게 만들고 있었습니다.

엄마가 불안하다고 해서 상황이 한순간에 좋아지거나, 우리 아이가 빠르게 발달하는 것도 아닌데 불안에 휩싸여 아이에게까지 전가하고 있는 것은 아닌지 고민해봐야 합니다. 불안은 마음속에만 담아두고 아이가 어떻게 하면 잘 성장할지만 생각해봅시다.

육아 자신감이 떨어졌다면,
나를 채찍질하지 말고
엄마로서 좋은 부분을 생각해보세요.
있는 그대로 자신을 존중해주세요.

2. 아이는 엄마를 닮는다는 말이 왜 불편한 걸까?

　요즘 예능을 보다 보면 부모 상담 프로그램이 큰 인기를 끌고 있습니다. 문제 행동을 보이는 아이들을 관찰하고 육아 전문가가 부모들에게 알맞은 솔루션을 전해줍니다. 많은 부모가 자신의 아이와 비교하며 육아 방식을 되돌아볼 수 있어 부모님들 사이에서 반응이 좋습니다. 프로그램을 보다 보면 정말 도가 지나치게 행동하는 아이들이 있는데요. 사람들은 그런 아이들을 보면 부모를 알 수 있다고, 부모가 문제가 많으니 아이들이 저렇게 행동하는 거라고 양육자를 비난하기도 합니다.

　행동주의 이론의 왓슨은 "나에게 12명의 건강한 아이를 준다면 그들을 자신이 원하는 대로 의사든, 변호사든, 도둑이든, 거지든, 무엇이든 만들 수 있다."라고 함으로써 아동의 발달은 학습에 의한, 환경에 따라 결정된다고 주장을 했습니다.

　많은 육아서를 봐도 아이는 부모의 거울이라는 말을 하며, 양육할 때는 부모의 행동이나 말이 중요하다고 강조합니다. 그래서 많은 부모가 아이에게 모범이 되고, 올바른 말과 행동을 하려고 노력합니다.

　하지만 가끔은 아이는 부모를 닮는다는 말이 불편하게 느껴질 때도 있는데요. 부모도 완벽한 인간이 아니고, 어릴 때 제대로 된 양육을 받지 못했을 때 불현듯 실수가 나오곤 합니다. 어른답지 못한 행동이나 말을 할 때, 아이는 부모를 닮는다는 말이 더 큰 죄책감으로 다가옵니다. 굳이 화를 낼 상황이 아닌데도 큰소리로 화를 낼 때, 덤벙거리는 모습, 아이와 유치하게 다투는 나를 보며 혹여 아이가 따라 배울까 봐 더 스트레스를 받습니다.

　인간은 사회적 동물이라 학습에 의해 많이 배우곤 합니다. 하지만 이게 전부는 아닐 거예요. 개인이 가지고 있는 기질이나 성격에 따라 같은 환경이여도 받아들이는 부분은 다를 거로 생각합니다.

　제 어머니는 공감을 잘하지 못하여 어릴 때, 제 이야기에 귀를 기울여 주지 않았습니다. 조그마한 일에 운다고 혼을 내거나 대수롭지 않게 생각했습니다. 전 별것도 아닌 일이지만 어머니가 온전히 제 편이 되어서 공감해주기를 바랐네요. 그래서 제가 엄마가 되면 무조건 아이 말에 공감을 잘해주는 엄마가 돼야지 결심했습니다. 어릴 때부터 아이 감정을 잘 읽어줘서인지 지금 제 아이는 자신의 감정을 숨김없이 잘 표현하는 아이가 되었습니다.

물론 저도 모자란 부분이 있습니다. 감정을 잘 제어하지 못합니다. 이성적으로 차분하게 설명할 수 있는 부분도 화가 나면 그렇게 말하기 힘들더라고요. 그래서 아이가 저를 보고 따라 배울까 봐 스트레스를 많이 받았습니다.

하지만 요즘은 이런 감정을 좀 놓아보려고 노력합니다. 아이는 무조건 부모의 행동을 따라 배우는 것이 아니고, 커가면서 좋은 것은 받아들이고, 안 좋은 점은 자기 스스로 극복하려고 노력할 거로 생각합니다.

제 어머니도 장단점이 있듯이, 저 또한 마찬가지로 엄마로서 장단점이 있습니다. 아이가 슬기롭게 저의 장단점을 잘 받아들일 수 있도록 옆에서 격려해준다면 나중에 엄마가 됐을 때, 저보다 더 멋진 엄마가 되거나 어른이 될 것이라는 믿음이 있네요.

완벽을 요구하는 사회의 시선이나 기대 속에 조금은 자유롭고, 유연하게 받아들일 필요가 있습니다.

3. '~하면 안 돼'라는 말을 쓰기 전에 꼭 알아두세요

우리는 살면서 겪는 수많은 경험과 환경, 학습 등을 통해 가치관을 형성합니다. 한 번 정립된 가치관은 바꾸기가 쉽지 않고 인생을 살아가면서 큰 기준이 되기도 합니다.

가치관은 가치에 대한 관점으로, 사람마다 생각하고 추구하는 게 다르죠. 많은 가치 중에 유독 예민하게 생각하는 부분이 있지 않나요?

저는 저 자신이 게으르다는 생각이 들면 유독 못 견뎌합니다. 그것은 어릴 때부터 내재된 집안 환경에서부터 시작됐습니다. 제 어머니는 부지런한 사람입니다. 그래서 어릴 때, 제가 TV를 보거나 딴짓하며 시간을 낭비하면 항상 저를 나무라셨어요.

"사람은 게으르면 안 된다."

"시간은 금방 지나가버리기 때문에 한 시도 허투루 쓰면 안 된다."

아침, 저녁으로 바쁘게 사는 엄마를 보면서 저는 엄마의 습관이나 생각을 그대로 받아들였습니다. 게으른 아빠를 보고 엄마가 화를 내면 무의식적으로 게으름은 나쁜 거라는 가치관이 확립되었습니다.

그래서 전 어린 시절부터 줄곧 참 바쁘게 살았습니다. 조금만 나태해지면 초조했고 불안했습니다. 그렇게 살면 쓸모없는 사람이라는 기분이 들었고 인생이 망한다는 생각이 들었기 때문입니다. 돌이켜보면 그런 가치관이 저를 참 힘들게 하기도 했네요. 기계든 동물이든 사람이든 온종일 달리면 빨리 소진이 되듯이, 조금은 여유를 가져도 되지 않았을까? 게을러도 방향만 잃지 않으면 되는 건데 왜 그렇게 나를 달달 볶았느냐는 후회감이 들기도 합니다.

이렇듯 어릴 때 부모의 말은 아이에게 참 많은 영향을 끼칩니다. 아이가 놀다가 물건을 제자리에 정리하지 않는다고 "왜 매번 정리하지 않는 거야? 물건은 꼭 제자리에 정리하는 거야."라고 화를 내지 않나요? 많이 먹는 아이나 안 먹는 아이에게 "많이 먹으면 안 돼. 여자는 날씬해야 해.", "안 먹으면 안 돼. 사람은 적당히 살집이 있어야 예뻐."라고 은근히 압박을 주고 있지 않나요?

고코로야 진노스케 저자의 『적당히 사는 법』에서는 이런 말들이 어른이 돼서도 머릿속에 뚜렷하게 남아 스스로 죄악감을 만들어낸다고 합니다. 이런 죄악감이 자신을 엄격하게 만들어 삶을 피곤하게 만들 수 있다고 봅니다. 아이에게 "~하면 안 돼."라는 말을 하기 전, 아이에게 죄악감을 심어주는 것은 아닌지 한 번쯤은 고민해볼 필요가 있습니다.

　뭐든 적당히 느긋하게, '별일 아니야.'라는 생각이 어쩜 삶을 편안하게 사는 방법의 하나라고 생각되네요.

4. 엄마의 헌신은 아이를 힘들게 만든다

엄마를 떠올리면 어떤 이미지가 떠올려지나요?

대부분 사랑을 주는 존재, 자식을 위해 희생하고 헌신하는 모습이 그려질 겁니다. 저 역시 어릴 적 엄마를 생각하면 어려운 가정 형편에서도 아이를 잘 키우려고 애쓰시던 모습, 아플 때는 밤새 간호해주던 엄마의 손길, 아파도 내색하지 않고 묵묵히 저희 옆에서 지켜주던 모습 등이 떠오릅니다. 그리고 현재, 늙어가시는 모습을 보면 마음이 아프고 평생 고생만 하신 손을 보면 마음 한쪽이 저려오기도 합니다.

20, 30대는 엄마를 위해 돈을 많이 벌어 효도도 하고 싶고, 엄친아처럼 엄마 기도 펴게 하고 싶고, 그동안의 고생을 보상받게 하고 싶기도 했습니다. 안간힘을 써봤지만, 현실은 녹록지 않았습니다. 고생하시는 엄마

를 보며 죄책감을 많이 느꼈습니다.

'내가 못나서 내 능력이 부족해서 한평생 엄마 고생만 시키고… 우리 엄마 다 늙어버렸네….'

해줄 수 있는 게 아무것도 없어 미안한 감정이 저를 괴롭히기도 했습니다. 이제는 사 남매 다 장성해서 부모님 도움이 필요 없는데도, 아직도 부모님은 자식 걱정과 생각으로 자신들을 헌신하며 즐기지 못하고 있네요.

열심히 일하시는 부모님을 보면 자식으로서 미안함과 죄책감이 밀려옵니다. 너무 답답하고 화가 나서 그만 좀 일하시라고 해도 지금까지 그렇게 살아오셔서 생각을 바꾸기가 쉽지도 않아요. 가끔은 부모님을 떠올릴 때마다 부모님의 인생이 참 불쌍하다는 생각이 들어 눈물이 나오기도 합니다.

그래서 저는 육아를 할 때마다 항상 결심하는 게 있어요. 아이를 위해 헌신하고 희생하는 엄마가 되지 않으려고 합니다. 제 행복과 아이의 행복을 위해서이기 때문입니다.

내가 아이를 위해서 인내하며 내 것을 포기하고 산다면 아이는 컸을 때, 저를 생각하면 눈물이 나고, 불쌍하게 생각할 겁니다. 그리고 그것을 보답하기 위해 안간힘을 낼 것이고, 그렇게 못 해줄 때 제가 우리 부모님에게 느끼는 것처럼 똑같이 죄책감을 느낄 것으로 생각합니다.

아이에게 그런 부담을 주지 않으려고 합니다. 나중에 아이가 컸을 때, 엄마를 떠올리면 그냥 웃었으면 합니다. '엄마, 나 어릴 때 진짜 이뻐해주셨는데.', '엄마랑 거기 갔을 때 정말 좋았는데.' 좋은 추억만 떠올리며 가끔 만나는 사이가 됐으면 합니다. 서로의 인생을 행복하게 사는 게 좋은 부모 자식 관계입니다.

저 역시 이제는 어머니에게 뭔가 큰 것을 해주려고 현실을 외면하지 않고, 어머니의 생각을 바꾸려고 노력하지 않으려고 합니다. 내가 아이에게 소소하게 행복을 주고 싶은 것처럼 어머니에게도 그러고 싶습니다. 어머니가 좋아하는 음식을 대접하고 지친 하루 속에 따뜻한 말 한마디, 절약하시느라 못 사시지만, 평소 갖고 싶었던 것 등을 사드리며 일상을 같이 보내고 싶습니다. 오늘 하루도 별 탈 없이 행복했다는 것을 느끼며 아버지와 사이좋게 노후를 보냈으면 합니다.

아이의 부정적 감정을 무시하지 마세요.
흘려보낼 수 있도록 지지해주세요.

5. 할 일이 많은 엄마는 5분만 투자하세요

엄마라는 역할은 많은 것들을 수행해야 합니다. 육아, 살림, 가족 행사, 경제, 부모님들 안위까지… 워킹맘들은 일까지 해야 하는군요. 이렇게 해야 할 일이 넘치는 엄마에게 육아는 큰 산과 같습니다. 아이를 위해 육아서 한 권이나 육아 전문가의 강의를 듣고 싶은데, 그럴 여유조차 없네요.

저희 큰언니는 워킹맘입니다. 아침 일찍 일어나서 가족들 식사를 챙기고 난 후, 아이들 깨워서 준비하라고 시키고 언니는 부랴부랴 회사 갈 준비를 합니다. 그렇게 정신없는 아침을 보낸 후, 퇴근하자마자 집에 와서 식사를 차리고 남은 집안일을 하다 보면 곧 잠잘 시간이 옵니다. 아이들

재우고 좀 생산적인 일을 해볼까 하지만 어느새 아이들과 같이 잠이 듭니다.

그렇게 언니는 고단한 하루를 보냅니다. 근데 어느 날, 첫째 아이가 문제 행동을 보이기 시작하네요. 언니는 아이에게 "그렇게 하지 마. 왜 그렇게 하는 거야?" 윽박지르고 난 후, 저에게 연락 와서는 울면서 "내가 아이를 잘못 키운 것 같아."라고 말을 합니다.

그 상황을 보는데 가슴이 아팠습니다. 언니의 마음도 첫째 조카의 마음도 이해가 되었습니다. 저는 언니의 상황에 대해 공감을 해주고, 아이의 마음을 조금만 더 헤아려주라고 얘기했습니다. 육아서 몇 권을 추천해주기도 했습니다. 그러자 언니가 말하더라고요.

"윤정아, 내가 육아서 읽을 시간이 어딨니?"

저는 고개를 끄덕일 수밖에 없었습니다. 언니의 일상을 보면 맞는 말이었거든요. 이렇게 저희 언니와 같은 부모들이 많을 거로 생각합니다. 아이에게 관심을 주고 싶고, 잘 키우고 싶지만 팍팍한 현실에서 육아서 한 권 읽기도 참 쉽지 않습니다.

제 이야기를 해볼게요. 저는 이혼을 하고 언니와 같은 삶을 살았습니다. 제 직업은 아이들을 만나는 직업이었고, 공부도 그쪽으로 해왔기 때문에 '육아'에 대한 중요성을 알고 있었습니다. 육아하는 동안 '비록 아빠는 없지만 난 누구보다 아이를 잘 키우고 싶어.' 이 일념으로 육아서를 닥치는 대로 읽었습니다. 제 머릿속에는 생존과 아이밖에 없었습니다.

육아에 관심을 많이 가진 덕분인지 아이는 상처도 이겨내고 건강하게 잘 컸습니다. 아이가 클수록 아이와 함께하려면 '돈'이 필요하다는 것도 느꼈습니다. 2년 전부터 재테크에 관심을 가져서 책이나 유튜브 등 정보를 많이 보았습니다.

우리는 정보의 홍수 속에 살고 있습니다. 많은 정보를 접하면 생각이 정리되는 게 아니라 도리어 머릿속이 하얘지더라고요. 그렇게 제 나름대로 실패도 해보고 도전도 하며 2년 넘게 재테크를 하다 보니 저도 저만의 기준과 소신이 생겼습니다. 그 수많은 정보 속에서 나와 생각이 같은 전문가가 있었습니다. 저는 그때부터 두세 명 정도의 전문가만 구독을 누르고 그분의 콘텐츠를 봅니다.

제가 바쁜 엄마 얘기에서 왜 이 이야기를 꺼내는지 아시겠나요?

네. 전 바쁜 엄마에게 저와 같은 방법을 추천하고 싶습니다. 유튜브, 블로그, 인스타그램, 브런치 등 다양한 플랫폼을 보면 육아 전문가가 많습니다. 그분들의 글이나 영상들을 한 번 쭉 보세요. 책도 좋습니다. 자신의 결과 비슷한 육아 방식을 하는 육아 전문가가 있을 겁니다. 그분들을 구독하고 자기 전 5분 정도만 콘텐츠를 봐보세요. 바쁜 일상 속에서 윽박지르던 나를 다시 되돌아보고 아이와 잠깐의 대화를 시도할 수 있고 육아에 대해 생각할 시간이 주어질 수 있습니다. '아, 이건 한번 내 아이에게 적용해봐야겠다.'라고 생각한 후, 갈등 상황이 생기면 한번 시도해볼 수도 있고요.

하루 5분 정도 봤다고 해서 육아 전문가처럼 육아할 수는 없겠지요. 그분들은 그 정도 숙련을 위해 많은 시간과 돈, 배움에 투자했으니까요. 하지만 어제보다 조금 더 나은 엄마는 될 수 있습니다. 저는 그게 포인트라고 생각합니다.

저도 경제 전문가들을 보고, 나도 저렇게 똑같이 할 수 있다고 생각하지 않습니다. 그분들 콘텐츠를 다 좋아하지도 않고, 한편으로는 비판적인 시각도 있습니다. 하지만 그분들의 아낌없는 노하우를 듣고 저는 저만의 방식을 세우려고 노력합니다.

저도 육아 콘텐츠를 만드는 사람입니다. 그 육아 콘텐츠를 하나 만들기 위해 여러 책을 읽고 생각하고 내 아이에게 적용하고 글을 씁니다. 제 글에는 다년간 여러 아이를 돌봤던 경험과 제 아이를 키웠던 경험, 수많은 배움의 흔적이 묻어 있습니다.

제가 구독하는 경제 전문가들도 마찬가지겠죠. 콘텐츠 하나에는 그분들의 실패, 고난, 성장들이 다 녹아 있습니다. 그분들 덕분에 제가 알아봐야 할 정보를 단 몇 분 만에 아주 고맙게 읽고 있습니다. 그 시간은 제 인생에 긍정적인 영향을 주고 있습니다.

무언가의 성취나 성장을 위해서는 그 길을 먼저 걸었던 분의 생각과 경험, 지식을 배워야 한다고 생각해요. 그리고 그것을 자기화시켜서 적용을 한다면, 큰 성장으로 다가올 거라 믿습니다. 내 아이를 위해 단 5분 정도 투자합시다.

6. 사교육도 중독일 수 있다

제 아이는 초등학교 1학년 때까지 어떠한 사교육도 하지 않았습니다. 유아기 때는 무조건 잘 놀고 풍부한 경험이 우선이라고 생각했습니다. 어린이집 끝나고 학원에 가기보다는 그 시간에 숲, 바다, 박물관, 미술관, 관광지 등 여러 곳을 돌아다니며 추억도 쌓고 오감으로 생생히 자연을 느끼기 바랐습니다.

학교 들어가기 전, 한글은 떼고 가야 한다고 교습소나 학습지를 시키는 부모님들이 많습니다. 저는 매일 꾸준히 밤마다 책을 읽어준 덕분인지 거의 한 달도 안 돼서 한글을 뗐습니다. 문제집을 풀기보다는 게임 형식으로 한글 공부를 했습니다.

초등학교 1학년 때는 방과 후 활동이 잘되어 있어 바이올린, 미술, 방송댄스를 시켰습니다. 초등학교 2학년이 돼서, 아이는 점점 하고 싶은 게 많아졌습니다. 친구들과 같이 공부방에 가고 싶다, 미술 학원에 가고 싶다 등 학원에 가고 싶은 의지가 생겼습니다.

그때부터 저는 어떤 학원을 보내야 할까? 본격적으로 고민을 했습니다. 제 어린 시절을 돌아보았습니다. 저희 부모님은 가게를 하셔서 항상 바쁘셨습니다. 그래서 학원을 많이 다녔습니다. 제 의지보다는 언니 다니는 학원에 같이 보내든지 집 근처 학원에 다녔습니다. 딱히 배우고 싶어서 다녔던 학원이 아니어서 의지가 없었습니다. 그냥저냥 시간 때우기로 다녔습니다.

학원에서 배웠던 게 기억에 남지 않고, 거기서 친구들과 무엇을 하며 놀았는지만 기억할 뿐 저에게 큰 도움이 되지 않았습니다. 아무래도 학원은 다수의 아이를 상대해야 하죠. 그래서 교육의 질이 조금 떨어질 수밖에 없습니다. 예를 들어 피아노를 배운다고 했을 때, 선생님에게 배우는 시간은 짧고 나머지는 혼자 연습을 해야 하고 친구들과 수다 떨거나 노는 시간이 많이 차지하게 됩니다. 제 사촌 조카는 2년이나 피아노 학원에 다녔는데 잘 치는 한 곡만 칠 수 있고 다른 곡은 못 치더라고요. 지금은 그마저도 잊어버렸습니다. 맞벌이 가정이 많아지면서 학원이 교육의 기능은 작아지고 시간 때우기인 경우가 많습니다.

제가 9 to 6 근무를 해야 하는 상황이라면 어쩔 수 없이 학원을 보내야 하겠지만 그렇지 않은 상황에서 학원 보내기가 망설여졌습니다. 미술 학원에 전화해서 커리큘럼을 물어보니, 저학년 때까지는 충분히 집에서 할 수 있는 수업이었습니다.

아이와 상의를 한 후, 지금 방과 후 수업으로 미술을 하고 있으니 미술 학원은 기법이 들어가는 3학년 때 배우기로 약속하고 그 대신 평소 배우고 싶었던 수영을 배우기로 했습니다.

때마침 학교에서 추첨제로 뽑은 승마 교육도 돼서 저렴한 가격에 하게 되었습니다. 3학년 때 본격적으로 영어를 배우기 때문에 원어민과 대화하는 화상 영어를 하게 되었고, 일주일에 한 번 동사무소에서 무료로 가르쳐주는 초등 한자를 배우고 있습니다.

말을 무서워하던 아이가 말과 친해지고, 능숙하게 타는 모습을 보게 되었습니다. 잠수밖에 못 하던 아이가 자유형을 조금씩 하네요. 노트북으로 영어 채널을 우연히 보게 되다가 배운 것이 나오자 따라 말합니다. 한자를 배우기 시작하자 한자 뜻을 풀이하며 말했습니다.

어린 시절 사교육이 큰 도움이 안 됐던 저이기에 '아이에게 사교육은 딱 시킬 것만 시키자.'라고 생각했습니다. 그 돈을 모아서 나중에 아이가 하고 싶은 것이 있을 때, 적극적으로 밀어주고 싶었습니다. 하지만 아이가 조금씩 성장하는 모습을 보니, 저도 모르게 욕심이 생겼습니다. 아이가 잘 따라 하는 모습이 너무 좋고 더 많은 것을 배우게 하고 싶은 마음이요.

예전에는 사교육 많이 시키는 엄마들을 잘 이해하지 못했는데, 이해가 확 됐습니다. 배움도 하나의 '중독'이더라고요. 배우는 시간이 좋고, 뭔가 더 발전하는 내 모습이 좋아서 계속 뭔가를 배우는 것. 물론 배우는 게 나쁘다는 것은 아닙니다. 근데 과연 필요로 인해 배우고 있는 건지, 아니면 이 중독의 달콤함으로 무작정 받아들이고 배우고 있는 건지는 생각해 봐야 할 문제인 것 같습니다.

저는 불필요한 다른 학원을 더 알아보고, 교육비를 생각하지 않은 저를 보면서 순간 정신이 확 들었네요. 그리고 지금 내 안의 욕망과 현실, 아이의 의견을 잘 조합해서 학원을 보내기로 했습니다. 육아도 육아 철학이 있듯이 사교육도 자기만의 기준을 세워서 정하는 게 좋습니다.

언제나 엄마는 항상 그 자리에 우두커니
너를 바라보고 있다고 인식시켜 주세요.

PART 5

감정 ④ 미안함
너의 마음을 몰라줘서 미안해

아이의 행동이 의도적인 게 아니었는데, 일부러 한 행동이 아니었는데 엄마는 가끔은 오해합니다.

아이의 본심은 알아보려고 하지 않고, 엄마의 감정이 먼저 앞섭니다. 그리고 화를 내버리고 말죠.

어떨 때는 엄마의 잘못이라는 것을 알면서 체면 때문에 사과하기가 망설여질 때가 있습니다. 아이에게 완벽한 모습을 보여야 하고, 부모의 권위를 떨어뜨리고 싶지 않아서이죠.

아이는 잘못을 인정하지 않는 부모에게 존경심이 들까요? 도리어 엄마는 저런 사람이라고 마음의 문을 닫을지도 모릅니다. 아이의 마음을 몰라줬다면 진정성 있게 사과를 해보세요. 아이는 부모의 마음을 알게 되고, 잘못을 인정하는 부모를 더 멋지게 생각할 겁니다.

아이의 한마디:

나는 화가 나면 내가 잘못한 것도 있지만 엄마에게 미안하다는 이야기를 듣고 싶어. 엄마가 나에게 사과하면 기분이 좋아져. 싸워서 어색한 것보다 친근함을 느껴서 더 좋아.

1. 엄마 방식이 때론 아이의 자존감을 떨어트린다

육아하면서 우리 아이에게 바라는 것, 이것만은 꼭 지켜줬으면 하는 것들이 하나쯤은 다들 있으시죠? 저 역시 있는데요. 전 아이의 마음에 들지 않는 행동이나 아이의 행동에 화가 나도 한두 번은 잘 넘어가는데 해야 할 일을 미루는 습관을 보면 항상 엄하게 행동했습니다.

그 생각 바탕에는 제 어린 시절 기억이 있습니다. 저는 참 게을렀던 학생이었습니다. 숙제를 안 하고 간 적은 없지만, 항상 놀이하다가 잠잘 때쯤에 부랴부랴 숙제했던 기억이 있어요. 시험 기간에도 마찬가지였습니다. 도서관에 가면 잡지를 보든지, 공책 정리를 하다가 막판에 후회하며 벼락치기 하는 학생이었습니다.

그 버릇은 사회에 나와서도 고쳐지지 않았습니다. 항상 무슨 일이든 마감 때야 돼서 밤을 새우고 투덜대며 하기 일쑤였습니다. 게으름을 극복하고 싶었지만 쉽지 않았습니다. 어릴 때부터 잘못된 습관이 이런 나를 만들었다는 생각이 들었네요. 그래서 아이에게만은 절대 잘못된 습관을 들이고 싶지 않았습니다. 자기 할 일은 먼저 끝내고 노는 그런 쿨한 학생이 되길 바랐습니다.

하지만 저의 확고한 육아 방식이 아이와 대화를 통해 자존감 도둑이 돼버렸다는 것을 느꼈습니다. 아이는 요즘 좋아하는 남자 친구가 있어요. 하교 후 아이는 저에게 그 친구와 나눴던 시시콜콜한 이야기를 자주 합니다. 어느 날, 절을 하는 저를 보며 아이도 부처님께 소원을 빈다고 하네요. "은수도 저를 좋아하게 해주세요." 말하더니 저에게 물었습니다.

"엄마, 정말 부처님이 내 소원을 들어주실까?"

"채린이 마음이 닿으면 소원을 들어주시겠지."

"근데 난 착한 아이가 아닌데."

언제나 자신감 넘치던 아이가 그런 말을 하자 의아했어요.

"왜 그렇게 생각하는 거야? 엄마가 보기에는 채린이 착한데."

"아니야. 난 짜증도 잘 내고 해야 할 일을 항상 미루잖아."

저는 아이가 할 일을 미룰 때마다 호되게 혼을 냈습니다. 아이는 '다음에는 그러지 말아야지.' 생각하면서도 막상 또 닥치면 일을 미뤘습니다. 나의 질책에 '나는 항상 일을 미루는 사람이구나.' 생각하면서 자신감이 떨어지고 부족한 사람이라고 생각했나 봐요.

아이는 자신이 열심히 노력하는 모습이나 무언가를 잘 해내는 모습에서 자신에 대한 긍정적 이미지를 쌓아갑니다. 긍정적 자아상은 '난 멋진 사람이야, 난 뭐든지 할 수 있어.'라는 생각을 하게 되면서 자존감을 올려줍니다. 저의 행동은 아이를 위한 것이라고 생각했지만, 자존감을 깎아 먹고 있었습니다.

살면서 어떠한 비난도 하면 안 됩니다. 특히 자식에게는 더더욱 하면 안 돼요. '이것만은 꼭 고쳐주고 싶어.', '이런 습관만은 꼭 들이고 싶어.'라는 생각이 어쩌면 아이를 잘되게 하는 게 아니라 망치는 길이라는 생각을 한 번쯤 해봤으면 합니다.

엄마의 잔소리로 아이의 올바른 습관을 들일 수 없습니다. 만약 그런 습관을 들인다고 하더라도 로봇과 다를 게 없지요. 사람이라면 스스로 생각할 줄 알아야 합니다. '나는 이런 부분이 부족하구나.', '이런 부분 때문에 힘이 드는구나.', '한번 고쳐봐야겠다.', '이런 행동을 안 하려고 노력해봐야겠다.'라는 생각을 해서 나쁜 습관을 고친다면 그건 큰 성장으로 돌아옵니다.

또 나쁜 습관이 잘 고쳐지지 않는다고 낙심할 필요는 없습니다. 살면서 큰 위험이 되지 않는다면 괜찮아요. 제일 중요한 것은 내 모습이 어떻든 자기를 사랑하는 마음입니다. 나에 대한 기대를 높이지 말고, 마음에 안 드는 부분이 있어도 '그래. 이 정도면 괜찮지.'라는 마음. 그게 정말 자기를 위해주는 마음입니다. 아이한테서든 자기 자신한테서든 어떤 일이 있어도 비난은 하지 맙시다.

아이가 하는 말을 흘려듣지 마세요.
언제나 귀담아듣고 있다고
안심시켜 주세요.

2. 정확하고 구체적으로 사랑한다고 전해주세요

아이들에게 사랑한다는 말을 자주 하시나요?

저는 하루에 한 번, 자기 전에 사랑한다는 말과 굿나잇 인사를 나눕니다. 이제는 습관이 돼서 가끔은 영혼 없이 말을 하고 잘 때가 있습니다.

어느 날, 평상시와 똑같이 사랑한다는 말을 남기고 자려고 누웠는데 아이가 안아달라고 하더라고요. 아이를 안아주면서 "채린아, 엄마는 너를 많이 사랑해. 있는 그대로 너를 사랑해."라고 말해줬습니다. 그러더니 아이가 훌쩍거리며 울었습니다. 깜짝 놀라 아이에게 왜 우느냐고 물었습니다. 아이가 말했습니다.

"엄마, 친구나 다른 사람은 내 몸에 대해서 칭찬해주지 않아. 엄마가 내 몸을 사랑해준다고 말하니 감동받았어."

딸아이는 또래보다 말랐습니다. 어디를 가든 항상 어른들은 말합니다. "에구 말랐네. 크려면 많이 먹어야겠다." 안쓰럽고 걱정스러워서 해주는 말들이지만, 듣는 사람은 어떨까요? 매번 어디를 가든 그런 소리를 듣는다면, 썩 기분 좋은 말은 아닐 겁니다.

항상 그런 소리를 들을 때마다 아이의 반응을 살폈습니다. 어떨 때는 아이에게 물어보기도 했습니다. "사람들이 말랐다고 하는데 채린이 안 속상해? 괜찮아?" 그럼 아이는 항상 이렇게 말했습니다. "난 괜찮은데, 내 자신만 나를 사랑해주면 되지." 그렇게 말해줄 때마다 저는 안심을 했었습니다.

아이가 자라, 이제 3학년이 됐습니다. 남 눈치도 보게 되고 남과 비교도 하게 됐지요. 이제는 학교 갈 때 외모에 신경도 쓰고 관심도 커졌습니다. 자기보다 크고 날씬한 친구를 부러워하는 마음도 생겼습니다. 친구들에게 인정받고 싶은 마음도 커졌습니다.

자존감이 높던 아이도 남과 비교하게 되면서 자신의 단점이 더 커 보이고 신경이 쓰였습니다. 어떤 날은 스트레스도 받고요. 그날이 딱 그런 날이었던 것 같습니다. 엄마의 한마디에 아이는 확인받고 싶었습니다.

'지금의 나도 괜찮아. 마르면 어때? 내 몸도 예쁘다고 말해주는 엄마가 있는데.'

가끔 TV나 주위를 보면 아이가 키가 작거나, 몸이 뚱뚱하다고 해서 서슴없이 말하는 경우가 있습니다. "이제 그만 먹어. 여기서 더 살찌려면 어떻게 하려고. 그러다 돼지 된다.", "얼른 이거 다 먹어. 다른 친구들은 다 크는데 너만 안 클 거야?" 물론 엄마 입장에서는 걱정이 돼서 하는 말이겠지만, 매번 그런 이야기를 듣는 아이들은 자신감이 떨어질 수밖에 없습니다.

커 갈수록 예민해지고, 주위 환경에 영향을 많이 받는 아이들에게 부모라도 있는 그대로의 모습을 예쁘다고 해주면 어떨까요? 구체적으로 정확하게 말하면 아이들이 더 마음에 와닿습니다.

"채린아, 엄마에게 이야기할 때, 확신에 찬 눈빛으로 눈을 깜박거리는 너의 빛나는 눈동자가 참 예뻐.

요리하는 엄마 옆으로 와서 '엄마, 오늘은 무슨 요리야?'라고 말하며 코를 벌름벌름하는 동글동글 귀여운 네 코가 예뻐.

맛있는 음식을 먹을 때, 쉬지 않고 오물오물 먹는 너의 입술이 귀여워.

어디를 가든 예의 바르게 인사하는 모습이 너무 예뻐.

엄마는 있는 그대로의 너를 많이많이 사랑해."

　오늘 아이에게 구체적으로 정확하게 사랑하는 마음을 표현해보는 것은 어떨까요? 부모의 한마디에 아이의 자존감도 쑥 올라갑니다.

3. 아이가 보내는 이중 메시지에는 속뜻이 있다

부부, 연애 상담 프로그램을 보다 보면 남자들이 여자들의 마음을 모르겠다고 토로할 때가 있습니다. 흔히 여자들은 속마음을 바로 말하지 않고, 돌려 말하는 경우가 있습니다.

예를 들어 여자친구가 남자친구에게 어느 날 말합니다. "나 요즘 살찐 것 같지? 살 빼야겠어." 남자는 한 번 쓱 보더니 "어, 살 좀 빼야겠다."라고 말합니다. 이 말을 듣고 기분 안 나쁠 여자는 없겠지요. 왜냐하면 여자의 속뜻은 '내가 살이 좀 쪘지만 예쁘다고 말해줘.'라는 말을 듣고 싶어서 말을 건네는 경우가 많기 때문입니다.

이렇게 여자들뿐만 아니라, 아이들도 이중 메시지를 보낼 때가 있습니다. 한 아이가 동생을 때렸을 때, 엄마는 그 장면만 보고 때린 아이를 혼냅니다.

"네가 형인데 동생에게 모범을 보여야지. 때리면 되겠어?"

"네가 누나이니깐 좀 참고 양보도 해야지."

엄마들은 아이 행동에 초점을 두고 말하는 경우가 많습니다. 과연 아이는 그냥 동생을 때렸을까요? 아니겠죠. 아이 입장에서는 충분히 화가 난 이유가 있었을 겁니다. 저도 아이의 이중 메시지로 힘들었던 적이 있습니다. 제 일화를 이야기해볼게요.

예전에 사촌 조카와 딸을 데리고 놀러 다녀온 적이 있었습니다. 사촌 조카네 집에 데려다주고 있는데 아이가 말했습니다.

"나 언니랑 은채 데려다주는 거 싫어. 그냥 우리 집에 먼저 가고 싶어."

"그러면 채린이 혼자 집에 올라갈래? 엄마는 언니랑 은채 데려다주고 올게."

"싫어. 언니네 데려다주지 마."

저는 순간 "채린아, 왜 너 기분만 생각해? 언니네 집에 그럼 어떻게 가? 이모부도 채린이 집에 바래다주잖아."라고 화를 내버렸습니다. 아이는 입이 삐죽 나와서 아무 말도 하지 않더라고요. 집에 돌아온 후, 아이의 말이 신경 쓰였습니다. 어쩌면 속뜻이 있을 수 있는데 내가 아이를 너무 몰아세웠나? 아이에게 아까는 왜 그런 말을 했는지 다시 물어보았습니다.

"순간 질투가 났어. 아까 우리 놀이할 때 엄마는 은채랑 언니를 챙겨주는데, 나는 챙겨주지 않는 기분이 들었어. 그래서 언니네 데려다주는 게 싫었어." 아이는 이중 메시지를 사용해서 엄마에게 표현한 거였습니다.

한 가지 더 사례를 들자면 예전에 제가 다녔던 어린이집에 다섯 살 남자아이가 있었습니다. 부모의 이혼으로 공격적 성향이 많던 아이가 한동안 그런 행동이 안 보이자, 잘 적응하고 있다고 생각했습니다. 어느 날, 친구를 심하게 괴롭히고 때리자 저는 그 모습을 보고 아이를 훈육했습니다. 아이의 눈빛을 보며 이야기하던 중 예전과 다르게 뭔가 슬퍼 보여 물어봤습니다.

"혹시 무슨 일 있어? 그래서 친구를 때린 거야?"

"어제 잠을 자는데, 동생이 울면서 깨어났어요. 아빠는 동생을 안아주었어요. 저도 밤에 깨서 무섭고 졸린데…."

순간 눈물이 나오는 것을 참았습니다. 아이는 아빠에게 사랑받고 싶은 감정과 그러지 못하는 현실이 싫었고 그것을 이중 행동으로 보여주고 있었던 겁니다.

부모는 아이의 말이나 행동이 올바르지 않다고 해서 먼저 꾸짖기보다는 왜 그런 행동이나 말을 했는지 물어보는 지혜가 필요합니다. 분명 아이들에게는 속뜻이 있기 때문이죠. 훈육하더라도 나중에는 "네가 그렇게 행동하는 데에는 그만한 이유가 있었구나."라고 마음을 어루만져주세요.

4. 엄마가 웃으니깐 너무 좋다는 너에게

부모라면 항상 아이에게 밝은 모습과 에너지 넘치는 모습을 보여주고 싶어 합니다. 힘든 모습, 지친 모습, 우울한 모습, 화난 모습은 가급적 보여주고 싶지 않죠.

학기 중에는 아침에 잠깐, 늦은 오후나 저녁 시간에 아이들을 마주하는 시간이 많기 때문에 애써 밝은 모습을 보여주려고 노력합니다. 화가 나더라도 좋게 이야기하려고 합니다. 근데 방학은 온종일 같이 붙어 있어야 해서 의도하지 않았지만, 엄마의 표정이 어둡기도 하고 지쳐 있는 모습을 보여주기도 합니다.

그날이 그랬나 봐요. 날도 덥고, 긴 방학에 웃음기가 점점 사라졌습니다. 그러다 온라인에서 제 글을 보고 힘이 난다는 글을 보게 되었습니다. 저절로 미소가 지어졌습니다. 아이가 저에게 물었습니다.

"엄마, 기분 좋은 일 있어? 엄마가 그렇게 활짝 웃으니깐 나 너무 기분이 좋아."

그 이야기를 듣는데, 순간 아이에게 정말 미안해졌습니다. 아이에게 내가 이렇게 찐 미소를 지어준 적이 언제더라? 같이 놀자는 말에 "응, 응." 형식적으로 대답하고 같이 놀면서도 찐으로 웃어주지 못했습니다.

아이에게 제 진심을 말했습니다. "채린아, 엄마가 요즘 날도 덥고 그러니 무기력해지고, 채린이랑 같이 있는 게 좋으면서도 가끔은 혼자 있고 싶기도 해서 많이 웃어주지 못했던 것 같아. 아까 채린이 말 들으면서 미안하고 반성했어. 엄마 채린이에게 웃는 모습 많이 보여줄 거야."

아이는 제 이야기를 듣다가 환하게 웃으며 안아주었습니다. 엄마가 정말 환하게 웃어서 기분이 좋다고 말한 건데 엄마는 내 생각도 해준다면서 칭찬하네요.

집에 거울을 한번 봐볼래요? 화를 많이 내서 미간에 삼지창이 더 짙어진 건 아닌지, 뚱한 표정으로 있는 것은 아닌지 체크해보세요. 그리고 활짝 한번 웃어보세요. 기분이 저절로 좋아지지 않나요? 방학 때는 수시로 거울을 보며 자신의 표정을 체크해보셨으면 합니다.

엄마는 네가 자랑스럽고,
이 세상 하나밖에 없는
소중한 보물이라고 말해주세요.

5. 귀보다는 몸 먼저 기울이기

무언가에 열중하다 보면 아이가 불러도, 무엇을 물어봐도 건성으로 대답할 때가 있습니다. 가끔은 엄마에게는 별 대수롭지 않은 말인 것 같아 흘려들을 때도 있습니다. 아이는 "엄마, 내 말 듣고 있는 거야?" 뽀로통한 표정으로 묻습니다. 가끔은 실망한 듯한 표정을 짓기도 합니다.

종종 아이가 유튜브 영상에 빠져 엄마가 뭐라고 말하면 모니터에 빠져들어 갈 기세로 정신 팔려서 건성으로 대답할 때가 있지 않나요? 그러면 엄마는 화가 나고 실망을 하죠. 아이 눈에도 엄마가 그렇게 비치고 있다면 너무 싫을 것 같지 않나요?

바쁘더라도, 귀찮더라도 잠깐의 순간 아이의 말에 집중해보세요.

아이는 부모에게 해결책을 원하는 게 아니라 자기에게 집중하는 그 모습, 공감하는 그 눈빛과 말에 감동하고 사랑을 느낀답니다. 저도 요즘은 고된 육아로 지치지만, 아이가 말을 걸면 최대한 하는 일을 내려놓고 자세를 아이 쪽으로 돌립니다. 어느 날은 아이가 말하네요. "오, 잘했어. 엄마 노력하는 모습 멋져." 하고요.

귀보다 몸 먼저 기울이기 실천해보는 건 어떨까요?

6. 잘못했다면 진정성 있게 사과하기

가끔은 부모로서 아이에게 성숙하지 못한 행동을 보일 때가 있습니다. 바로 사과를 하고 싶지만, 부모로서의 권위는 놓고 싶지 않아 사과를 못할 때가 있습니다. 완벽을 요구하고 권위적인 부모라면 사과가 더 힘들 겁니다. 자신의 허점을 보이고 싶지 않고 내가 그렇게 행동한 데는 다 이유가 있어. 남 탓을 하고 방어기제를 쓰며 자기 자신을 정당화, 합리화하기도 합니다.

사람은 누구나 다 실수합니다. 매스컴에서 완벽하게 보이는 전문가여도 사람이기 때문에 실수합니다. 육아하면서 자기 잘못을 인정하는 모습이 진정한 부모로서 보여줘야 할 행동이라고 생각합니다.

그런 차원에서 저의 이야기를 해보려고 합니다. 사실 찌질하고 못난 내 모습이어서 말하기는 싫지만, 사과가 힘든 부모는 제 글을 보고 용기를 얻어 실천에 옮길 수 있지 않을까 하는 마음에 한번 저의 민낯을 까볼까 합니다.

그날도 방학이었습니다. 아침부터 아이와 유독 갈등이 있었습니다. 서로 기분이 안 좋은 상태에서 이동하고 있는데, 아이가 쿠키를 만들고 싶다고 잠깐 동네 마트에 들리자고 했습니다. 차 세울 데가 마땅치 않아 아이에게 돈을 주고 사 오라고 했습니다. 그러자 아이가 차 문을 닫지 않고 휙 가버리더라고요. 뒤에서 차는 빵빵거리고 저는 당황했습니다. 얼른 차 문을 열어 뒤차에 미안하다고 연신 사과하고 보조석 문을 닫았습니다. 그리고 주위를 한 바퀴 돌고 다시 마트에 오자 아이가 느긋하게 걸어 나오고 있었습니다. 화가 났습니다. 그래도 최대한 감정을 내려놓고 아이가 차에 타자 말했습니다.

"채린아, 차에서 내릴 때는 차 문을 꼭 닫아야 해. 저번에도 그런 일이 있어 엄마가 애를 먹었는데, 이번에도 차 문을 닫지 않아 뒤차에 민폐를 끼쳤잖아."

"왜 나한테 뭐라고 하는데?"

정말 머리를 한 대 콕 쥐어박고 싶을 정도로 얄미웠습니다. "너 엄마한 테 무슨 말버릇이야?"라고 말한 후, 한참을 아이와 싸웠습니다. 그것도 치열하고 유치하게 말입니다.

집으로 돌아오고, 후회되었습니다. 어른으로서 성숙한 모습을 보여야 하는데, 10살 딸아이와 친구처럼 싸우고 말았습니다. 아이에게 먼저 다 가가 솔직하게 말했습니다.

"채린아, 엄마가 아까는 미안해. 상황적으로 화가 나서 너 때문에 그렇 다고 네 탓을 했던 것 같아. 채린이 너도 아까는 경황이 없어서 얼른 쿠키 를 사야 한다는 생각에 미쳐 차 문을 못 닫은 것일 수도 있는데… 엄마가 헤아리지 못했어. 엄마는 채린이에게 미안하다는 사과의 말을 듣고 싶었 나 봐. 근데 채린이가 말대꾸한다고 생각해서 더 화가 났던 것 같아."

이야기를 듣던 아이는 자신이 느꼈던 감정에 대해 말을 하고 사과했습 니다. 만약 내가 사과하지 않았더라면, 엄마의 체면만 생각해서 아무 일 없듯이 어물쩍 넘어갔더라면, 감정의 골은 더 깊어졌을 거로 생각합니 다.

또한, 우리는 진심은 그게 아닌데 화로 자신의 감정을 표출할 때가 있습니다.

첫 책이 나왔을 때, 저는 처음으로 불특정 다수에게 평가받았습니다. 제 책을 읽는 독자마다 받아들이는 부분이 다를 수 있었죠. 어느 날, 제 책 리뷰를 보다가 악플을 보게 되었습니다. 진심으로 책을 썼지만, 내 진심이 전해지지 않았구나. 속상하기도 했습니다.

그런데 하필 그날, 아이가 제 책을 검색한다고 제목을 다시 물어보았습니다. 엄마의 책에 이런 글이 있으면 아이도 속상할 것 같아 얼버무렸습니다. 아이는 짜증을 내기 시작했습니다. 검색을 해도 제 책이 나오지 않았기 때문입니다. 저는 엄한 아이에게 화를 내고 말았습니다. 만약 그 순간, 그냥 사실 그대로 이야기했으면 어땠을까요? 아이는 엄마를 더 이해해주지 않았을까요?

진심은 통하는 법입니다. 소중한 관계일수록 허심탄회하게 진정성 있게 사과해야 상대방이 화가 났더라도 입장을 이해하고 공감해줄 거로 생각합니다. 실수를 한 게 문제가 아니고 실수했더라도 아이에게 어떻게 말해주었는가가 중요합니다.

오늘 아이에게 잘못한 일이 있다면, 진심으로 사과해보는 것은 어떨까요?

PART 6

솔루션 ①
엄마가 아이와 함께하고 싶은 일들

사랑하는 사람과 맛있는 것을 먹고, 좋은 풍경을 보고, 기분 좋은 추억을 만들어가는 것은 의미 있는 일입니다. 그 사람에 대해 좋았던 경험이 많을수록 상대방을 신뢰하고, 애정이 쌓입니다.

아이와 함께하고 싶은 일들은 뭔가요? '우리 아이는 무엇을 좋아하지? 아이에게 세상을 알려주고 싶어. 아이가 안 해보았던 경험은 뭐였더라? 나중에 아이가 컸을 때, 부모랑 같이했던 것들을 기억하며 살았으면 좋겠어.'라는 생각으로 아이와 함께할 수 있는 일들을 찾는 것은 부모로서 큰 행복입니다. 아이와 함께하는 날은 많지 않아요. 엄마, 아빠 울타리에 있을 때, 기쁘고 특별한 추억 많이 만드시길 바랍니다.

아이의 한마디:

나도 엄마랑 하고 싶은 게 많아. 같이 축구도 보고 쇼핑도 하고 이야기 나누면서 산책도 하는 시간이 행복해. 언제나 늘 함께하고 싶어.

감정을 다룰 줄 아는 엄마는 흔들리지 않는다

1. 경제 교육 하기 좋은 날

요즘 딸아이는 엄마가 재테크 하는 모습을 보고 부쩍 경제 도서에 관심을 두고 있습니다. 그래서 도서관에 가면 항상 경제 관련 도서를 보더라고요. 어느 날, 아이와 책을 고르던 중 한 권의 책이 눈에 띄어서 읽어보게 되었습니다. 아이들 수준에서 어떤 내용이 수록되어 있는지 궁금했습니다.

머리말부터 시작해서 1장을 보는데 정말 놀랐습니다. 내용 대부분이 제가 읽고 있던 경제서랑 차이가 없었습니다. 아이들 수준에 맞게 조금 더 쉽게 풀어서 썼을 뿐 내용은 비슷했습니다. 잠깐 내용에 대해 알아보겠습니다. 책 내용은 김현태 저자의 『워렌 버핏 경제 학교』입니다.

"워런 버핏이 열한 살 때, 처음으로 주식에 투자했던 일화가 나와요. 워런 버핏은 한 개의 주식당 38달러에 세 개의 주식을 샀는데 얼마 안 있어 주가가 28달러까지 떨어진 것을 보고 초조했다고 합니다. 다행히 주가가 40달러로 올라서 워런 버핏은 6달러의 이익을 보고 주가가 내려가기 전에 서둘러 주식을 팔았네요. 그리고 그 후 주식이 200달러까지 치솟는 것을 보고 그 후에는 투자할 회사에 대해 공부를 충분히 한 후 장기 투자에 대해 생각하게 되었다고 합니다."

"1 더하기 1이 2가 아니라 10이 될 수 있다."

이자에 이자를 주는 복리에 대한 개념을 쉽게 설명하고 있으며, 쓰는 돈의 액수가 크면 클수록 돈을 벌 수 있는 가능성은 적어진다는 내용이었습니다.

예전에 제 아이는 자기 돈을 주식에 투자한다고 했을 때, 눈에 보이지 않으니 당장 팔아서 땅에 묻겠다고 이야기했었습니다. 아이는 책을 읽더니 자기 돈이 명확하게 어떻게 투자되고 있는지 이해하게 되었습니다. 땅에 묻는 것보다 은행에 돈을 맡기는 것보다 돈을 더 벌 수 있는지에 대해 말했습니다. 그러면서 이번에 받은 설날 용돈을 어느 회사에 투자할지 고민하고 알아보겠다고 말했습니다. 나중에 아이가 직접 투자를 했을 때, 책에서 봤던 내용이 더 명확히 와닿겠다는 생각이 들었습니다. 책에서는 이것 말고도 독립적으로 사는 법, 돈에 대한 욕심, 환경 탓을 하지 말고 자신을 바꿔라, 깊이 생각하고 생각을 글로 정리하라 등 어릴 때 알려주면 참 좋을 내용이 수록되어 있었습니다.

주식 투자자 존 리 씨는 우리 대부분은 금융 문맹이라고 말했습니다. 초등학교, 중학교, 고등학교, 대학교를 나왔지만 경제 구조, 용어에 대해 모르는 사람이 많죠. 그 이유는 정규 과정에서 배우지 않기 때문입니다. 기본적인 경제에 관해 배우지만 돈에 대한 마인드나 어떻게 돈을 굴려야 하는지에 대해 배우지 않고 있습니다.

재테크에 무지한 상태에서 성인이 됩니다. 첫 월급을 타고 돈은 모으고 싶은데 어떻게 모을지 몰라 조금이라도 이자 많이 주는 은행을 비교하고 무조건 절약하는 방법으로 재테크를 하는 경우가 많습니다. 그렇게 주관 없이 재테크를 하다가 옆에 직장 동료가 주식으로 돈을 벌었더라, 친척분이 부동산에 투자해서 돈을 벌었더라 등 다른 사람들 하는 것을 따라 하다 소중한 돈을 날리기도 합니다.

더는 금융 문맹을 대물림해서는 안 된다고 생각합니다. 우리 아이들에게는 현실적이면서 생생한 경제 교육을 어릴 때부터 해줘야 합니다. 그 첫 번째는 경제 도서를 읽어주는 것입니다. 아이와 함께 앉아 경제 도서를 읽어보는 시간을 가져보는 것은 어떨까요?

낯설었던 경제 용어를 쉬운 말로 풀어 써서 엄마의 경제 공부에도 도움이 됩니다. 또한, 아이는 어릴 때부터 돈에 대한 정확한 가치관이 정립되어 어른이 됐을 때는 돈 때문에 힘들지 않고 윤택한 삶을 사는 어른으로 크지 않을까 싶네요.

돈이 목표가 되고, 돈을 좇아가면 안 되겠지만, 돈은 우리의 삶을 조금 더 풍요롭게 만들어주는 도구입니다. 아이들 인생에서 정말 필요한 교육이라고 생각합니다. 용돈을 주고 용돈 기입장에 쓰고 저금하는 것도 중요하지만 돈이 어떻게 흐르고 어떤 식으로 운용을 해야 돈을 벌 수 있는지, 부자인 사람들은 어떤 마인드를 가졌는지에 대한 교육도 필요합니다.

2. 도서관 가는 길을 새롭게 만들어보자

초등 교육에서 가장 강조하는 게 있습니다. 그건 바로 책 읽기입니다. 갈수록 문해력을 요구하는 과목이 늘면서 독해력과 이해력이 중요해집니다. 그래서 많은 부모가 방학 동안 책 읽기에 열을 올리시는 것 같아요. 저 역시 책을 통해 성장하고 힘든 시기를 극복했기 때문에 아이에게 책을 읽을 수 있는 환경을 만들도록 노력하는데요. 방학 때마다 단 5분 동안 책을 읽더라도 매일 도서관에 가려고 노력합니다. 아무래도 집은 봤던 책이나 흥미를 끌 만한 책이 없어서 잘 안 읽게 됩니다. 도서관은 방대한 책과 흥미 있는 책이 많기 때문에 책 안 읽는 아이여도 책 고르는 재미를 느낄 수 있습니다.

근데 문제는 아이가 엄마 말에 잘 따라주면 좋지만, 책을 좋아하는 아이 빼고 심심한 도서관에 가는 것을 그다지 좋아하지 않습니다. 몇 번은 엄마의 성화에 못 이겨 가지만 금방 싫증을 냅니다.

저는 그런 아이를 위해 '도서관 가는 길을 재미있게 생각하면 어떨까?' 라는 생각이 들었습니다. 초등학교 아이라면 모험심이 강합니다. 탐험하는 것을 좋아하고요.

저는 아이에게 "우리 탐험하러 가자."라고 말하며 도서관 가는 길을 좀 재미있게 꾸며보았습니다. 자동차로 이동했던 길을 도보로 가기도 하고 버스를 이용하기도 하고 색다른 길로 가보기도 했습니다. 가다가 맛있는 아이스크림 가게나 문방구, 다이소가 있으면 들어가서 구경하기도 하고 사주기도 했습니다. 도서관에 갔다 와서는 시원한 카페에 가서 맛있는 음료를 먹으며 책을 보기도 하고 좋아하는 식당에 가서 밥을 먹기도 했습니다.

그렇게 도서관 가는 길은 뭔가 흥미로워, '오늘은 무슨 일이 생길까?' 라는 아이의 호기심을 자극할 수 있도록 도와주었습니다. 도서관에 가서 단 5분만 책을 읽더라도 아니면 아예 도서관 입구까지 갔는데 거부를 해도 아이의 의견을 따라줬습니다. 엄마가 윽박지른다고 화를 낸다고 해서 아이가 도서관을 좋아하기는커녕 더 거부할 거라는 것을 알았습니다.

매번 이렇게 도서관 가기는 물론 쉽지 않습니다. 이삼일에 한 번을 가도, 아니 일주일에 한 번을 가도 긍정적 경험을 만들어주는 것이 중요합니다. 책을 싫어하던 아이도 자기에게 꼭 맞는 책이 있으면 한 시간 넘게 보기도 하고, 집에 와서도 책을 놓지 않고 봅니다.

여름에는 시원한 에어컨 바람을 맞으며, 겨울에는 따뜻한 히터로 도서관 데이트만큼 돈 안 들이는 가성비 좋은 데이트는 없습니다.

아이와 모험을 한번 떠나보는 것은 어떨까요?

3. 책 안 읽는 아이와 함께하는 법

제 딸은 10살입니다. 저는 태교 때부터 7살 때까지 아이에게 책을 많이 읽어주었습니다.

잠자기 전에는 꼭 책을 읽고 자는 루틴을 하루도 빼먹지 않고 잘 해나 갔습니다. 아이가 초등학교 입학하면서 저는 책을 쓰게 되었고 전보다 아이에게 신경 쓸 시간이 없었습니다.

또한, 아이도 그전까지는 숙제 없는 자유로운 삶을 살다 매일 해야 하는 숙제 때문에 책 읽기를 점점 멀리했습니다. 유아기 때와는 다르게 글밥이 많아진 것도 책을 멀리하게 된 계기가 됐습니다. 하루에 한 번꼴로 책을 읽던 습관이 이틀이 되고, 사흘이 되고… 급기야 2학년이 되자 책을 거부하는 사태까지 벌어졌습니다. 자주 가던 도서관까지 가기 싫다고 떼를 썼습니다.

아이가 책을 읽으려면 부모가 책 읽는 모습을 보여주라고 말합니다. 저는 TV보다 책을 좋아하는 사람입니다. 항상 제 주위에는 책이 있어요. TV를 보듯이 저는 책 읽는 것이 제 취미생활 중 하나입니다. 아이는 제가 책을 읽어도 마치 다른 사람의 일인 양 별로 관심이 없습니다.

또한 어떤 육아서에서는 책을 읽을 수 있도록 환경을 만들라고 합니다. 우리 집에는 TV가 없습니다. 아이 방에는 책상, 서랍, 책꽂이, 소파가 있습니다. 그런 환경을 둬도 별로 책에 흥미를 못 느끼더라고요. 집에 있는 소품을 이용해서 놀기 더 바쁩니다.

현재 제 아이 상황은 이렇습니다. 근데, 제 딸아이와 대화하다 보면 저뿐만 아니라, 제 주위 지인분들이 놀랍니다. 아이가 생각이 깊고 말을 잘한다고요. 책을 많이 읽냐고 물어보십니다. 참 그런 질문을 받을 때, 난감합니다. 현실은 그렇지 않으니까요.

그래서 제가 고민을 해봤습니다. 아이는 왜 책을 많이 읽은 것처럼 생각이 깊을까?

저는 책을 읽고 '아, 이 부분은 아이에게 꼭 말해줘야겠다.'라는 부분이 있으면 체크를 해뒀다가 아이에게 말을 합니다. 그냥 휙 던지지는 않고, 대화하는 주제가 그와 관련된 내용이 나오면 저도 모르게 아이에게 '강의'를 하고 있었습니다.

우리는 어떤 한 분야에 전문성 있는 분들의 강의를 들으면 마치 책 한 권을 읽듯이 감명받고 생각하게 되고 동기 부여를 받고 실천하도록 노력합니다. 아이는 제가 읽은 책들을 말해주면 그대로 자기 경험에 녹여 응용하고 있었습니다. 아이가 책에 나온 이야기를 말하니까 깜짝깜짝 놀랐던 것이었습니다.

아이가 책을 안 읽는다고 윽박지르고 "몇 시부터 몇 시까지 책을 읽어라."라고 말하는 것보다(독서는 자연스러워야지, 시간을 정하면 숙제처럼 더 버거울 수 있어요.) 부모가 아이에게 읽어주고 싶은 책을 미리 읽고 마치 '오디오 북'처럼 대화하는 시간을 가지면 어떨까요?

또한, 동기 부여 되는 시간을 만들어가는 것도 좋습니다. 일주일 동안 재미있게 읽었던 책을 소개하는 시간을 가져보는 거예요. 주말 저녁을 먹고 가족이 함께 모여 한 명씩 발표하는 겁니다. 책에 대해 질문을 하는 시간을 가져보는 것도 좋습니다.

그런 경험들이 하나씩 쌓여 아이는 책을 읽고 싶은 마음이 생길 거고, 어릴 때부터 어떻게 얘기해나갈 것인지 고민하며 기획해보고 발표하는 시간을 가지면 어른이 돼서 시키는 일만 하는 사람이 아닌 주도적으로 일을 하고 콘텐츠를 생산하는 사람이 되지 않을까 싶네요.

저는 아이가 책을 가까이했으면 하는 게 제가 책을 통해 성장하고 발전했고, 삶의 지혜를 많이 깨달았기 때문입니다. 아이는 저처럼 오래 걸리지 말고 책과 가까운 사람이 돼서 현명한 선택과 결정, 어려운 일이 닥쳤을 때 좋은 방향으로 잘 풀어나갔으면 좋겠다는 생각에 독서를 권합니다.

방학 동안 아이와 책 이야기를 나누며 즐겁게 지내는 것은 어떨까요?

4. 아이와 다툼이 있을 때는 토론을 하자

아이가 클수록 부모와 언쟁을 벌이는 일이 많아집니다. 어릴 때는 부모 말이 다 맞는다고 생각해서 잘 따르지만, 자아가 생기고 자기 주관이 뚜렷해지면 부모 말에 반기를 들 때가 있습니다. 하지만 아직은 미완성된 뇌이기 때문에 이성적이고 합리적인 판단이나 설득력이 있기는 어려울 때가 있죠. 그래서 아이는 얼토당토않은 말로 부모를 설득하거나 떼를 쓰기도 합니다.

저는 그럴 때마다 아이와 입씨름하는 것이 아니라 토론하는 시간을 가집니다. 토론하다 보면 사건을 객관화할 수 있고, 해결 방법을 찾아 논리적으로 이야기할 수 있습니다. 생각하는 힘은 글쓰기에도 도움이 됩니다.

저는 아이와 갈등하고 있는 부분에 대해 찬성과 반대에 대해 생각하고, 30분 동안 시간을 주어 각자 자기 입장을 뒷받침할 수 있는 자료를 찾아봅니다. 그리고 자기 나름대로 정리를 한 후, 화이트보드를 가지고 와 각자의 의견을 어필하지요. 상대방의 의견에 반문이 있을 시에는 참고 기다린 후, 발언권이 끝난 후 말을 하도록 규칙을 정합니다.

아이들은 가끔 부모에게 반항하고 싶은 마음이 생깁니다. 부모의 말은 잘못됐다고 반박하고 싶기도 합니다. 이 토론 문화는 아이들의 그런 욕구를 채워줄 수 있습니다. 그것도 갈등과 싸움이 아닌 정당한 방법으로요. 자기 의견을 말하고 부모가 인정해주었을 때, 능력을 인정받았다는 느낌을 받게 되고 자기 효능감도 발달합니다. 자기 효능감은 자존감 향상에도 큰 도움이 됩니다.

토론한다고 해서 거창할 필요는 없습니다. 예를 들어 스마트폰을 많이 하는 아이가 걱정된다면 스마트폰의 순기능과 역기능에 대한 내용으로 토론합니다. 찬성이든 반대든 어느 것이든 상관없습니다. 아이의 입장이라면 스마트폰의 순기능을 발언해야 하지만, 그렇게 되면 자기가 불리할 거라는 것을 알고 아이는 반대의 입장에 서기도 합니다. 그럼 그때, 네가 반대하라고 말해주셔도 돼요. 토론의 핵심은 상대편의 입장을 생각해볼 수 있는 시간이기 때문입니다.

아이는 자기가 정리한 자료를 보고 구글 효과에 대해 이야기를 하더라고요. 구글 효과에 대해 아시나요? 저도 처음 듣는 말이어서 관심이 확 생겼습니다. 구글 효과는 현대인들이 정보를 기억하고 산출하기보다 검색 엔진에 의존해서 그때그때 정보를 찾아보는 의존적 성향을 보인다는 뜻이라고 하네요. 저도 놀랐던 부분을 알 수 있어 토론이 흥미진진해졌습니다. 저는 아이에게 어떤 기사에서 보았느냐고 출처에 대해 말해주라고 했습니다. 아이는 머뭇거리더니 출처는 못 썼다고 하더라고요. 이렇게 토론하면서 부족한 부분은 채워가며 할 수 있도록 했습니다.

책 안 읽는 아이들도 일주일에 한 번이라도 토론 문화를 시작한다면 그 데이터는 어마어마해질 것이고, 대단한 통찰력을 얻을 수 있을 겁니다.

갈등보다는 토론으로 이야기해보는 시간 어떨까요?

* 토론하기 좋은 주제

– 여름날, 에어컨 문제로 다툼이 있을 시 에어컨 사용에 따른 지구 온난화 현상에 대한 이야기. 더워도 에어컨을 온종일 틀어야 할까? 아니

면 지구를 생각해서 에어컨 트는 것을 절충해야 할까?

– 야채를 안 먹는 아이, 야채 없이 인간은 살 수 있을까? 고기만 먹고 살 수 있을까?

– 인싸와 아싸의 차이, 친구가 많은 게 좋을까? 친구가 적은 게 좋을까?

– 앞으로 AI시대가 오는데, 로봇이 똑똑할까? 인간이 똑똑할까?

– 초등학생 이성 교제의 장단점

– 학원과 방과 후 수업은 다녀야 하는가? 다니지 말아야 하는가?

– 반려동물은 키우는 게 맞다, 키우지 말아야 한다.

– 아프리카 친구들을 먼저 돕는 게 맞을까? 우리나라 어려운 친구들을 돕는 게 맞을까?

5. 상상 놀이로 서로의 마음을 더 알아가 보기

아이와 저는 가끔 상상 놀이를 합니다. "만약에 이러면 어떨 것 같아?" 상황을 제시해서 서로 묻고 대답합니다. 상상의 날개를 펼칠 수 있고, 서로가 평소에 생각하는 것을 알 수 있어 그 시간이 재밌습니다. 그날도 저는 아이에게 질문했습니다.

"채린아, 만약에 채린이가 어른이 되었는데 잘 곳도 없고 돈도 없고 빈털터리가 되었어. 그러면 어떻게 할 거야?" 아이는 곰곰이 생각하더니,

"일단은 목욕탕에 갈 거야."

"돈이 없는데 목욕탕에 어떻게 가?"

"사장님한테 가서 여기 청소할 테니까 목욕 좀 하게 해달라고 할 거

야."

"왜 갑자기 목욕탕이야?"

"왜긴 내 몸이 깨끗해야 다른 사람이 나를 일 시켜줄 거 아니야. 냄새 나고 꼬질꼬질해봐. 나를 좋아하겠어? 먼저 목욕을 깨끗이 하고 옷도 더러운 부분은 좀 빨 거야."

"그러면 그 후에는?"

"그런 다음 돈이 한 푼도 없으니깐 혹시 밥이랑 잠잘 곳을 같이 할 수 있는 데를 찾아서 일하게 해달라고 말할 거야. 거기서 일하다가 돈이 좀 모이면 돈을 주고 잘 수 있는 방을 찾을 거야. 아침 일찍 나와서 목욕탕에서 아르바이트하고 거기서 목욕하고 미용실에 일하러 가기 전 아침을 먹어야지.(미용실은 머리를 단정하게 할 수 있어서 일한다고 한다.) 돈이 없으니깐 빵집에서 제일 싼 샌드위치를 사 먹고 미용실에 출근하고 큰 회사를 알아볼 거야."

"큰 회사는 왜 들어가는 거야?"

"왜긴 큰 회사는 돈을 많이 주잖아. 돈 한 푼 없으니 돈을 모아야지. 큰 회사 들어가서 저녁에는 저녁밥 주는 식당에서 일할 거야. 그리고 집에 돌아와서 푹 자야지. 푹 자야 내일 또 열심히 일할 수 있으니깐."

"그렇게 해서 돈을 벌 거야?"

"응. 큰 회사에서 받은 돈을 모아서 내가 좀 더 잘 살 수 있는 집으로 이사 갈 거야."

"근데 채린아, 너무 힘들지 않겠어? 엄마라면 눈물이 나올 거 같아."

그러자 아이가 눈을 똥그랗게 뜨더니 이렇게 말했습니다.

"엄마, 울면 다 해결돼? 질질 울면 슬프기만 하고 누가 밥을 줘? 내가 열심히 일할 수밖에 없는 거지."

"응 맞아. 근데 엄마 보고 싶지 않겠어?"

"보고 싶겠지. 근데 성인이니깐 내가 알아서 해야지."

충격이었습니다. 저는 이혼하고 누구보다 아이를 독립심 있는 아이로 키우고 싶었습니다. 한부모 가족으로 산다는 것은 아이에게 많은 편견과 시련이 있을 수 있다고 생각했기 때문입니다. 그래서 더 강하게 키워야 한다고 생각했습니다.

아이는 제가 생각했던 것과는 달리 훨씬 더 강했습니다. 솔직히 어른인 엄마보다 강하다고 느꼈습니다. 순간 부끄러워졌습니다. 저는 이혼을 하고 현실 탓만 했었거든요. 어떤 날은 눈물로 지새우기도 하고 어떤 날은 삶을 포기하고 싶기도 했습니다. 예전에 저는 나약했습니다. 벗어나고만 싶었지 현실을 인정하지 않았습니다. 아이 말대로 질질 짜기만 하고, '앞으로 어떻게 살아야 하지?' 생각할 겨를이 없었습니다.

하지만 아이는 달랐습니다. 자기 삶을 개척하는 방법을 벌써 알고 있었습니다. 무한한 자신감이 있었습니다. 이 문제를 어떻게 해결해야 할지 고민했고, 감성팔이는 아무런 도움이 안 된다고 생각하고 있었습니다.

그날, 저는 딸아이에게 많이 배웠습니다.

삶의 고난이 왔을 때, 조금 울고 툭툭 털어내기.

그리고 앞으로 어떻게 헤쳐 나갈지만 고민하기.

주저앉아 운다고 해결되는 것은 없고, 아이 말대로 나를 도와줄 사람은 나밖에 없으니깐요.

아이와 앉아서 상상 놀이를 해보세요. 아이 입에서 생각지 못한 말이 나올지도 모릅니다. 아기처럼 보였던 내 아이가 어느새 이렇게 커서 자기 앞일을 고민하고, 역경을 헤쳐 나가려고 합니다.

한 뼘 더 큰 아이를 보며 저는 안심이 됐습니다. 제가 뭐든 다 해줘야 할 것 같은 아이가 있는 힘을 다해 엄마 배에서 나왔던 것처럼 이제는 있는 힘을 다해 세상을 향해 나아가고 있었습니다. 아이는 우리가 생각한 것보다 훨씬 더 강한 존재입니다.

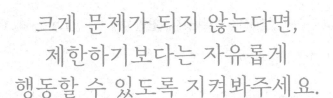

크게 문제가 되지 않는다면,
제한하기보다는 자유롭게
행동할 수 있도록 지켜봐주세요.

6. 서로의 장점, 단점을 말하는 시간을 가져보자

세상에 육아 성적표가 있다면 자신만만하게 "난 만점이야."라고 말할 부모가 몇이나 될까요?

대부분 부모는 미숙한 자신의 육아 방식에 자신이 없을 겁니다. 거기에 미안함과 죄책감이 섞여 아이가 나를 원망만 하지 않았으면 좋겠다는 생각도 들 거구요.

저 역시 가끔은 그런 생각이 듭니다. '아이가 과연 나를 어떻게 생각할까? 사람들에게 나를 어떤 엄마로 설명할까? 혹여 나의 단점을 말하는 것은 아닌가?'라는 걱정을 할 때가 있습니다. 그래서 아이에게 대놓고 '엄마는 어떤 엄마야?'라고 묻는 게 무서워 피하기도 했습니다.

그런데요. 가끔 누군가에게 전해 듣거나, 엄마에 대해 이야기할 시간이 있으면 아이는 생각지 못하게 저를 참 좋은 사람이라고 생각하더라고요.

화를 그렇게 많이 냈었는데 어느 날은 엄마는 나에게 화낸 적이 없다고 했습니다. 의아해서 왜 그렇게 생각하냐고 물으니 "엄마는 나를 미워해서 화낸 게 아니었으니깐." 저에게 감동을 주기도 하고 "엄마는 항상 나를 생각하잖아. 내 이야기도 잘 들어주고, 엄마는 정말 멋진 엄마야." 라고 말해주기도 합니다.

부모는 아이에게 상처를 준 것은 아닌지, 나의 잘못된 행동을 아이가 평생 기억할까 봐 무섭다고 생각하지만 대부분 아이는 안 좋은 기억보다 좋은 기억을 마음속에 더 담고, 부모를 좋은 사람이라고 인식합니다.

잠자기 전, 서로의 장단점을 말해보는 시간을 가져보세요. 의외로 아이의 말에 엄마로서 자신감이 더 생길 수 있고, 단점을 통해 자기 행동을 되돌아볼 수 있습니다. 좋은 기억이 더 많기에 단점에 대해 말하는 것이 더 힘들다는 아이의 말을 들을 수 있는 행운도 있고요.

아이는 자신을 지지해주고 믿어주는 부모가 자신을 어떻게 생각하는지 들으면, 자존감이 높아지고 자신을 더 사랑하게 됩니다. 단점을 들어도 "맞아, 내가 그런 부분이 있어."라고 수긍하며 자기를 객관화해서 바라보기도 합니다.

단점을 장점으로 전환해서 말해보는 것도 좋겠네요. 나는 게으르지만, 푹 쉬고 나서 맡은 바를 성실히 최선을 다한다는 식으로 바꿔보는 것도 좋습니다.

장단점 말하기는 자기 자신을 잘 들여다볼 수 있고, 건강한 자아를 만들어줍니다. 사랑하는 부모에게 듣는다면 자기 자신과 부모와 긍정적 관계를 맺는 데 도움이 될 것입니다.

메모지를 꺼내 아이의 장단점을 써보는 것은 어떨까요?

7. 영화를 같이 보자(영화 리스트)

방학의 가장 큰 장점은 뭘까요? 아이와 함께하는 시간이 많다는 겁니다. 학기 중에는 학원에 가야 해서 엄마보다 더 바쁜 아이와 시간 보내기가 쉽지 않습니다.

저는 방학 때마다 아이와 같이 영화를 봅니다. 육아에 지쳐 힘들 때는 각자 영화 보는 시간을 갖지만, 같이 영화를 보면 이야기할 거리가 많아 좋더라고요.

아이와 〈우리들〉이라는 영화를 본 적이 있습니다. 초등학교 4학년 여자아이들의 우정에 관한 이야기로, 외톨이 선은 전학생 지아를 만나 진짜 우정에 대해 생각해보는 시간을 가지게 됩니다.

초등학교에 진학하면 엄마들의 제일 큰 고민과 관심사가 또래 관계잖아요. 혹시 내 아이가 왕따나 은근히 따돌림을 당하는 것은 아닌지 걱정도 되고, 친구와 사이가 안 좋다고 하면 그것만큼 신경 쓰이는 일도 없습니다. 이 영화에서도 왕따에 대한 이야기가 나오는데, 끝나고 딸아이 감상평이 궁금해 물어봤습니다.

"선이 언니가 소심하게 말해서 더 함부로 대하는 것 같아. 조금 더 자기 자신을 사랑한다면 친구들이 저렇게 대하지 않았을 거야."

"친구가 소심하다고 해서 절대 함부로 대하면 안 돼. 친구는 평등하게 대하는 거야. 만약 친구들이 왕따시켜도 자기 자신을 사랑한다면 잘 극복할 수 있을 거야."라는 말로 정리를 하고 영화 보기를 끝냈습니다.

몇 달 후, 아이가 저에게 학교에서 있었던 일을 말했습니다. 점심시간에 운동장에서 노는데, 강아지 변이 있었나 봐요. 같은 반 남자아이 둘이 한 남자아이에게 그 똥을 만져보라고 시켰다고 합니다. 아이는 그 장면을 보고 '설마 만지겠어?'라고 생각하며 다른 곳에 가려고 하는데 남자아이들이 웃으며 "야, 강시우(가명) 똥 만졌어. 하하 강시우, 또 만져봐 봐." 하며 만지기 싫어하는 아이에게 억지로 계속 시키고 놀리고 있었다고 합니다. 다른 친구들도 그 장면을 보고는 "악 더러워." 말하며 피하거나 같이 놀리고 있었습니다. 아이는 저렇게 행동하면 안 될 것 같아 그 친구들에게 "야, 그거 학교폭력이야."라고 말했다고 합니다. 그 이야기를 들은 친구들은 바로 시우에게 사과하고 교실로 들어갔다고 합니다.

아직 저학년이어서 아이들이 사과했지만, 저는 만약 그 아이들이 제 딸에게

"야, 네가 뭔데 참견이야. 너 쟤랑 사귀냐? 너도 똥 만져볼래? 똥 커플이네."

말하며 놀리거나 공격을 하면 어쩌지 하는 생각이 들었습니다. 용감하게 말한 아이가 대견했지만, 걱정도 되었습니다. 아이에게 "혹시 그 친구들이 이렇게 말했으면 어떻게 할래?" 물어보니 주저 없이 이렇게 말했습니다.

"너 시우한테 학교폭력 할 자신 있어?"

순간 이해가 안 돼서 무슨 뜻이냐고 물었더니,

"학교폭력 한 후에 감당할 자신이 있냐고 묻는 거야. 나는 선생님과 117(학교폭력 신고 전화)에 전화할 거야. 경찰이 학교에 올 거고 현민, 도윤이 부모님도 학교에 오겠지. 그리고 걔네들은 벌을 받겠지. 그걸 감당

할 자신이 있냐고 묻는 거야."

저는 충격을 받았습니다. 아이는 자신이 한 행동에 대한 책임을 이야기했고, 가해자는 남에게 상처를 준 행동에 대한 응당한 책임을 져야 한다고 말하고 있었습니다. 그걸 감당하지 못할 거면 여기서 그만두라는 숨은 메시지가 있었습니다. 저렇게 맞받아친다면, 놀렸던 아이는 할 말이 없을 거라는 생각이 들었습니다.

저는 아이의 용기 있는 행동을 칭찬해주었습니다. 그러고는 어떻게 학교폭력이라는 말이 나왔냐고 물으니, 방학 때 봤던 〈우리들〉 영화 이야기를 꺼내더라고요. 아이는 그 영화를 보고 깨달음이 있었고, 실생활에서 친구를 괴롭히는 아이들에게 맞서서 도와주려고 노력했습니다.

저는 마지막으로 아이에게 물었습니다. 만약 앞으로 학교폭력을 당하는 친구가 있으면 어떻게 할 거냐고요. 학교폭력은 한 사람의 인생을 망치는 거고, 내 인생이 중요하듯 그 친구의 인생도 중요하니 자기는 도와줄 거라고 말했습니다.

좋은 영화 한 편을 보고 우리는 우리의 삶을 되돌아봅니다. 어떨 때는 마음 깊숙이 울림이 있어 평생 기억하며 간직하기도 합니다. 그런 인생 영화를 사랑하는 부모와 같이 본다면 더할 나위 없는 좋은 추억이 될 것입니다.

금요일 저녁, 온 가족이 둘러앉아 영화 한 편 보는 것은 어떨까요?

* 영화 추천 리스트

(많지는 않지만 제가 봤던 영화 중 좋은 것을 소개합니다.)

〈우리들〉 : 친구 관계에 대해 생각해볼 수 있는 좋은 영화.

〈인사이드아웃〉 : 기쁨, 슬픔, 버럭, 까칠, 소심 다섯 감정이 주인공으로 감정 공부에 도움이 된다.

〈씽〉 : 뮤지컬 영화로 OST가 좋아 부모와 아이가 리듬에 맞춰 신나게 영화를 볼 수 있다.

〈파퍼씨네 펭귄들〉 : 코미디 영화로, 펭귄이 나와 아이들이 좋아하고 재미있어 부모도 즐겁게 관람할 수 있다.

〈알라딘〉 : 실사판 디즈니 영화로 음악과 영상미가 뛰어나다.

〈원더〉 : 남들과 조금은 다른 모습을 한 주인공이 긍정적 매력을 발휘해 친구들과 우정을 쌓는 줄거리로 교훈적이고 감동적이다.

〈노래로 쏘아 올린 기적〉 : 실화를 바탕으로 팔레스타인 아이들의 꿈과 용기를 그린 영화로, 익숙지 않은 아랍권 문화를 간접 체험하고 유익함과 감동을 준다. 고학년 아이들과 보기 좋다.

8. 서로에게 개인 테라피스트가 돼주자

마사지하고 나면 기분도 좋아지고, 몸이 쫙 풀리지 않나요?

매주 가고 싶지만, 엄마들은 가계경제도 생각해야 하니, 쉽지 않습니다. 그럴 때는 아이와 함께 서로에게 마사지해주는 시간을 가져보세요.

학기 중에는 일찍 일어나야 해서 잠자기 바쁘지만, 방학은 일찍 일어날 필요가 없으니 저녁 시간에 마사지할 여유가 있습니다. 저는 일단 목욕을 한 후, 방에 따뜻한 조명을 켭니다. 그리고 잔잔하게 명상 음악을 틉니다. 졸졸 물소리, 편안한 리듬에 마음이 평온해져요. 푹신한 이부자리에 아이를 눕힌 후, 향 좋은 아로마 오일을 손에 발라 온몸을 골고루 마사지를 해줍니다. 정성스럽게 하나하나 다 만져줍니다.

매일 보는 아이지만 섬세하게 몸을 만지다 보면 아이가 이렇게 많이 컸나 하는 생각이 들 때가 있습니다. 어릴 때 조그마했던 손과 발은 아니지만, 아직도 귀여워 뽀뽀해줍니다.

마사지가 어느 정도 끝이 나면 명상하는 시간을 가집니다. 명상을 전문으로 하는 강사가 아니기에 저는 마음 편한 질문을 던져요.

"지금 기분이 어떠세요?"

"혹시 기분 좋았던 일이 있나요?"

"그때 감정이 어땠나요?"

"정말 행복했을 것 같아요."

"그 기분을 다시 한 번 느껴보시겠어요?"

"혹시 기분 안 좋았던 일이 있나요?"

"그때 감정이 어땠나요?"

"아, 정말 속상했을 것 같아요. 그 감정은 지속되지 않아요. 조금 있으면 사라질 거예요."

"혹시 슬펐던 일이 있나요?"

"그때 감정이 어땠나요?"

"정말 많이 슬펐을 것 같아요. 울고 싶으면 울어도 돼요."

저는 감정에 대한 이야기를 자주 꺼냅니다. 정답은 없어요. 그때그때 떠오르는 질문을 하면 됩니다.

아이의 마사지 시간이 끝나면, 아이가 마사지사가 됩니다. 엄마에게 배웠던 것을 그대로 따라 하더라고요. 언제 내 아이가 이렇게 커서 엄마 마사지도 해주고, 참 뿌듯함과 행복감이 밀려옵니다. 이제는 손의 힘도 제법 세져서 시원하기도 합니다. 명상의 시간이 다가왔습니다. 엄마가 어릴 때, 비교를 많이 받고 자란 것을 안 아이는 저에게 이런 질문을 했습니다.

"과거로 돌아가볼게요. 엄마, 아빠에게 비교하는 말을 들었을 때, 마음이 어땠나요?"

"마음이 아팠어요. 나를 사랑해주지 않는다고 생각했어요. 내가 거부당하고 있다고 느껴졌어요."

그러자 아이가 제 얼굴을 쓰다듬더니 따스하고 담담하게 말했습니다.

"윤정아, 많이 힘들었지? 괜찮아. 네가 미워서 그런 게 아니야. 엄마, 아빠도 어려서 너에게 표현을 잘 못 했던 거야. 너를 사랑하지 않아서 그랬던 것은 아니야. 울고 싶으면 울어도 돼."

저는 아이 앞에서 그만 펑펑 울고 말았습니다. 아프고 힘들었던 제 내면 아이를 아이에게서 치유받는 것 같았습니다. 한참을 울고 나서 민망해지기도 했지만, 아이에게 고맙다고 웃으며 안아주었습니다.

서로에게 힘이 된다는 말은 이런 게 아닐까요? 보이지 않는 사랑의 줄이 서로에게 단단하게 묶어져 큰 힘이 됩니다. 나만 사랑을 줘야 할 것 같고, 든든하게 힘이 돼야 한다고 느꼈던 압박이 그날 이후 서로에게 향하고 있다고 느꼈습니다.

마사지하면서 스킨쉽도 하고, 스킨쉽을 통해 정서적 안정감과 친밀감을 느낄 수 있습니다. 옥시토신이 분비돼서 감정을 조절하고 불안을 억제해주기도 해요. 면역력을 올리는 데도 좋고요. 명상을 통해 서로의 감정 깊숙이 들어가볼 수 있고 유대감이 생기기도 하고 공감해주는 데 큰 도움이 됩니다.

서로에게 테라피스트가 돼보는 것은 어떨까요?

9. 요리를 부탁해보자

　방학이 시작되면 엄마가 가장 두려운 게 뭘까요? 삼시 세끼 아이들 밥을 어떻게 차릴까 아닐까요? 학기 중에는 급식의 도움을 받아서 한결 수월하지만, 방학은 부모가 알아서 다 해야 하므로 부담이 될 수밖에 없습니다. 한창 성장기 아이들에게 영양상으로 채워줘야 할 부분이 많아서 고민도 됩니다.

　저 역시 삼시 세끼 다 차리려다가 진이 빠진 경우도 있었네요. 설거지하고 돌아서면 바로 식사 시간이잖아요. 매번 해왔던 반찬만 할 수 없고, 안 먹는 아이를 보면 속이 터져서 스트레스를 받기도 했습니다. 요즘은 밥을 다 집에서 해결해야 한다는 부담감을 내려놓고, 당기는 음식이 있으면 식당에 가서 밥을 먹습니다. 자주 외식을 해서 경제적 부담이 되지만, 방학 기간에는 식비에 더 지출을 많이 한다 생각하고 몸과 마음을 편하게 보내도록 합니다.

또 어떤 날은 아이에게 요리를 부탁하기도 합니다. 아직 어설픈 요리 실력에 마음이 안 놓여 내가 하고 말지 생각하실 수 있지만, 어릴 때부터 엄마 옆에서 보고 배운 깜냥이 있어서 그런지 쉬운 요리는 곧잘 하더라고요. 계란후라이나 볶음밥, 어떨 때는 팬케이크를 만들어 과일과 함께 대접하기도 합니다.

어릴 때, 요리 경험은 참 특별하다고 생각합니다. 인간으로 태어났으면 자기가 먹을 음식, 자기가 사는 곳의 청소는 스스로 할 수 있어야 한다고 생각합니다. 그게 인간의 존엄성입니다. 기본적인 의식주를 책임져야 성인이 되었을 때, 당당하게 자기 일을 해나갈 수 있겠죠.

유대인들은 학교에 가서 공부를 가르치기 전에 손으로 직접 익힐 수 있는 기술을 가르쳐준다고 합니다. 기본적으로 자기 밥도 못 짓는 사람은 공부할 자격도 없다고 생각합니다.

그 기초를 닦는 데에 방학만 한 기회가 없다고 봐요. 스스로 메뉴 레시피를 찾아보고 어려운 부분은 엄마에게 부탁하고 어설프지만 요리라는 결과물이 나왔을 때, 그 성취감은 이루 표현할 수 없겠죠. 거기에 엄마가 엄지 척을 올리며 맛있게 먹는 모습은 아이에게 뿌듯함을 줄 겁니다.

아이의 행동이 미덥지 않아도 시간이 걸려도 한번 맡겨보는 것은 어떨까요?

아이의 자립심과 독립심을 키울 수 있고, 가사에 자기도 한몫 제대로 하고 있다는 생각이 들어 가족의 일원으로 자부심과 책임감이 생길 겁니다.

아이의 안 좋은 점에만
초점을 두지 말고,
좋은 점을 현미경처럼 크게 봐주세요.

10. 부모와 아이가 모두 신나는 놀이 하기

아빠가 아이들과 잘 놀아주나요?

요즘은 사회 분위기가 가정 친화적이어서 아이들과 잘 놀아주는 아빠가 많은 것 같습니다. 하지만 대부분의 아빠는 엄마보다 아이와 노는 것을 힘들어합니다.

왜 그럴까요? 몸으로 놀아주는 것은 잘하는데, 역할 놀이를 하자고 하면 힘들어합니다. 아무래도 재미가 없어서 그런 것은 아닐까요? 아빠 자신도 재미가 없으니 의욕이 생기지 않고, 그것을 바라보는 아이도 지루해서 더는 놀이가 되지 않습니다.

이건 아빠뿐만 아니라 엄마도 마찬가지입니다. 그래도 엄마는 아빠보다 감성적인 면이 더 있고, 모성애를 발휘해서 억지로라도 웃어주며 놀아주려고 합니다.

　하지만 저는 방학 동안이라도 엄마, 아빠가 먼저 재밌고 신나는 놀이를 했으면 합니다.

　만약 아빠가 낚시를 좋아한다면 아이를 데리고 가보는 겁니다. 하는 법을 가르쳐주기도 하고, 아니면 낚시대 하나 줘서 옆에서 자기 마음대로 해볼 수 있게 하는 것도 좋습니다. 입질을 기다리는 동안, 이런저런 이야기도 나누고 라면을 끓여 먹어도 좋겠네요. 어떤 방법이든 상관은 없습니다. 지루하게 하기 싫은 놀이를 하는 것보다 아빠가 좋아하는 것을 보여주는 것이 아이에게는 더 좋답니다. 그러다 아이도 아빠처럼 재미를 느낄 수도 있고요.

　저는 아이가 놀아달라고 하면 저도 재밌는 것을 하자고 합니다. 보드게임이나 같이 체험할 수 있는 것을요. 그러면 확실히 저 역시도 즐기고 있기 때문에 아이와의 놀이가 시간 가는 줄 모르고 재밌습니다. 아이와 좋아하는 게 상반될 때는 아이가 하고 싶은 것 한 번 하고, 제가 하고 싶은 것 한 번 하며 절충해서 놀기도 합니다.

　그렇게 한바탕 같이 놀다 보면 더 끈끈한 유대감도 생기는 것 같고, 부쩍 친해진 느낌도 듭니다. '아, 오늘 하루도 잘 놀았다.' 웃으며 집으로 돌아옵니다. 마치 친한 친구와 만난 후, 아쉬운 마음을 뒤로하고 헤어진 기분이 들 때가 있습니다.

✤ 부모와 아이가 모두 신날 수 있는 놀이를 찾아보고, 함께해보는 것은 어떨까요?

11. 새로운 경험을 같이 해보자

저는 아이에게 다양한 경험을 시켜주려고 노력합니다. 어릴 때, 많은 경험을 해야 자기 자신에 대해 잘 알아갈 수 있습니다. 인생을 살아가면서 자기를 행복하게 해주는 것을 찾는 일은 의미 있고, 중요하다고 생각합니다. 또한 직접 경험을 해봐야 상대방 감정에 대해 공감도 잘해주고, 실패 경험이 발판이 돼서 무언가를 성공시키는 데 큰 힘이 되기도 합니다.

방학 때 제가 해서 좋았던 경험을 몇 가지 나눌까 합니다.

1. 호텔에 가서 애프터눈 티 시간 즐기기

– 어디 여행 갈 때 빼고는 호텔을 접하기가 쉽지 않습니다. 또한 호텔은 외관부터 고급스러워서 위화감이 들 때도 있습니다. 익숙지 않은 장소지만, 저는 여윳돈이 생기면 호텔에 가서 여유를 즐기는 경험을 해주려고 합니다. 로비에 들어서자마자 환대해주는 직원분들, 호텔 레스토랑에 가서 정성을 다해 서비스해주는 모습, 거기에 있는 사람들의 태도, 음식의 맛과 냄새, 시각을 통한 오감을 느껴봅니다. 멋진 전망을 보며 환하게 웃고 있는 엄마의 미소, 분위기는 아이에게 좋은 이미지로 남을 겁니다. 이런 경험은 아이에게 색다른 기쁨과 재미, 추억을 줄 것이고, 부모에게는 여유로운 생활을 하기 위해 열심히 살아야겠다는 동기 부여를 주기도 합니다. 물론 1시간 정도의 여유로 금액이 비싸다고 느껴질 수 있습니다. 몇 번의 외식 비용을 절약해서 한번 가보는 것은 어떨까요? 잊지 못할 경험의 가치는 돈보다 클 거라 생각합니다.

2. 자동차 극장 가기

– 자동차 극장이라고 하면 연인들이 간다고 생각할 수 있지만, 아이와 함께 가니 좋은 추억이 되었습니다. 맘 놓고 치킨, 피자, 과자 등 여러 가지 간식을 사서 눈치 안 보고 먹을 수 있고, 서로 영화

에 관해 이야기해도 간섭할 사람이 없네요.

엄마가 치킨을 쏘면 아이는 용돈으로 팝콘을 사보는 재미까지 있습니다. 색다른 공간에서 영화를 보니, 아이들 기억 속에 오래 남을 추억이 됩니다.

3. 불꽃놀이

– 여름 방학에 하기 좋은 경험입니다. 밤바다에 가서 불꽃놀이를 해보는 거예요. 주택단지에서 쉽게 할 수 없는 놀이지만, 시원한 밤바람을 맞으며 파도 소리와 함께 펑펑 터지는 불꽃놀이는 참으로 재미있습니다. 안전 사항에 대해 배울 수 있고 부모와 아이 모두 행복한 시간을 보낼 수 있습니다.

4. 음악 틀고 댄스 추기

– 아이와 저는 흥이 많은데요. 리듬이 빠른 노래를 들으면 신이 나고, 몸이 들썩일 때가 많습니다. 그렇다고 아이와 클럽에 갈 수 없고, 집을 클럽으로 만들어보세요.

방음이 잘되는 방에 스피커를 틀고, 밑에 매트를 깔거나 트램펄린 위에 올라갑니다. 노래방 조명까지 있으면 더 좋고요. 아이와 그

위에서 신나게 댄스를 춥니다. 누군가와 함께 있으면 추한 춤 솜씨를 보여주기 민망할 때가 있는데, 아이와는 그런 게 없습니다. 무아지경으로 몸을 마구 흔듭니다. 그러면 스트레스가 확 풀립니다.

5. 미술관이나 박물관 가기

– 미술관, 박물관은 방학을 맞이해 다양한 체험활동을 하는 경우가 많습니다. 눈여겨보고 있다가 사전 신청을 하거나 방문해봐도 좋습니다. 사이트마다 달라서 찾기 힘드시면 지역 맘카페를 이용해도 좋아요. 발 빠른 엄마들의 정보가 가득합니다.

미술관이나 박물관에 가보기 전, 관련된 책과 영상을 보면 도움이 됩니다. 어느 날은 아이가 저보다 더 많은 정보를 알고 있어 깜짝 놀라기도 한답니다. 엄마가 자신의 이야기에 귀 기울이고 있어 더 자신감 있게 이야기해줍니다. 다 구경하고 나서 굿즈 샵에 들려 퍼즐이나 함께할 수 있는 물품을 구입해도 좋아요. 집에 와서 같이 퍼즐을 맞추면서 보고 와서 느꼈던 점을 이야기할 수 있어 좋습니다.

6. 과학 실험하기

- 책에서만 봐왔던 과학 원리를 실생활에서 해보는 겁니다. 집에서 직접 할 수 있게 도와주는 책도 많고, 초등 과학실험 전문 블로그에 가면 알기 쉽게 포스팅이 되어 있습니다.

  아이가 흥미를 느낄 만한 것을 찾아 함께 해보세요. 신기한 경험으로 과학에 관심도 두고, 더 머리에 쏙쏙 들어온답니다.

7. 종교 시설 방문해보기

- 종교가 있는 가족은 매주 종교 시설에 가죠. 근데 다른 종교 시설에 가기는 잘 안 할 거예요. 종교 문화와 다양성에 대해 생각해볼 수 있고, 한곳에 치중되기보다 여러 각도로 접해볼 수 있습니다. 다른 나라에서는 어떤 종교를 주로 믿고 있는지 찾아보고 다른 사상도 수용해볼 기회가 될 수 있습니다.

8. 바다에 가서 쓰레기 주워보기

- 환경오염으로 지구가 고통에 빠져 있죠. 환경오염을 위해 분리수거도 잘해야 하고, 에너지를 낭비하면 안 된다는 것을 알고 있지만 직접 몸소 체험하는 것과는 체감적으로 다를 겁니다. 자연으로

들어가 쓰레기를 주워보는 시간을 가져보는 것은 어떨까요? 교통이 멀면 동네도 좋아요. 직접 쓰레기를 주워보면서 얼마나 많은 쓰레기를 버리고 있으며, 지구를 위해 무엇을 할 수 있을지 고민해보는 시간을 가져보는 것도 참 의미 있는 일이 될 것입니다.

9. 엄마 오마카세, 엄마 분식집 차리기

– 요즘 장인인 셰프가 고객 한 명 한 명에게 정성을 다하는 오마카세가 인기입니다.

오마카세를 가는 이유는 정성스러운 음식과 대접받는 듯한 느낌이 들기 때문이겠지요. 아이에게 엄마표 오마카세를 해주는 것은 어떨까요? 메뉴판도 만들어 아이를 대접해보세요. 아니면 아이 친구들을 불러 엄마표 분식점이나 중국집을 차려 대접하는 것도 좋습니다. 나를 위해 이렇게 애쓰고 아껴주는 엄마의 모습을 보면 사랑이 마구마구 피어오르지 않을까요?

10. 둘레길 걷기

– 지역마다 둘레길 코스가 있습니다. 방학 때마다 코스를 정해서 걸어보는 것은 어떨까요? 집에서 간식거리와 도시락을 싸고 몇 시

간 걸어보는 겁니다. 걷는 동안 아이에게 그동안 말하지 못했던 진심과 속마음을 툭 털어놓으세요. 아이는 엄마가 나를 이만큼 생각해주는구나 감동하기도 하고, 자신의 이야기를 꺼내기도 합니다. 체력 증진에 도움이 되고, 아이와 대화할 기회와 멋진 풍경까지 좋은 데이트가 될 것입니다. 더운 여름방학보다는 겨울방학에 실행해보는 것이 좋습니다.

저는 방학 때만 되면 이번 방학에는 무슨 활동을 할까? 찾아봅니다. 아이에게 세상에 있는 다양한 모습들을 하나씩 경험하면서 알아가게 해주고, 일깨워주고 싶습니다. 그 시간은 지금 방학 때만 할 수 있겠죠. 다양한 경험으로 아이와 재밌는 추억을 많이 쌓기를 바랍니다.

PART 7

솔루션②
엄마가 아이에게 해주고 싶은 말들

아이를 올바르게 키우고 싶은 마음은 부모라면 다 같이 느끼는 마음일 겁니다.

엄마 입장에서는 잘 키워보려고 했던 말들이 가끔 아이에게 부담을 주고, 아이의 마음 그릇을 생각 못 할 때가 있지요. 아이는 부모에게 뭔가를 크게 바라는 게 아닌 것 같습니다. 자기 말을 귀담아들어주고, 감정을 읽어주고, 언제나 내 편이 돼주는 마음 하나면 됩니다. 내가 해주고 싶은 말보다, 아이가 부모에게 듣고 싶은 말들을 해주면 어떨까요?

아이를 항상 생각하고 마음을 어루만져주면 아이는 부모의 진심을 분명 느낄 거예요. 아이에게 어린 시절 행복한 기억만 가득 담아주세요. 성인이 됐을 때 험난한 이 세상을 잘 견디고, 따뜻한 온기로 행복하게 자신을 치유하며 살아갈 수 있도록 도와주세요.

아이의 한마디:

나는 엄마가 내 이야기를 들어줄 때, 가장 행복해. 내가 힘들었던 때나 슬플 때 엄마는 항상 옆에서 들어줬어. 앞으로도 잘 부탁해.

1. 선택할 권리를 줘라

인간은 하나의 인격체로 선택할 자유와 권리가 있습니다. 이 권리는 어른뿐만 아니라 아이들도 마찬가지겠지요. 육아하다 보면 기본적인 것 조차 간과할 때가 있습니다. 어리다는 이유로 혹은 내 아이라는 이유에서 말이죠. 아이를 각각의 인격체로 봐줘야 한다고 생각하면서 저 역시 실수를 한 적이 있습니다.

요전 날, 친한 친구가 힘든 일을 겪었습니다. 그 일 때문에 공황장애가 오고, 불면증으로 힘들어했습니다. 증상이 심해서 혼자 힘으로 극복하기 힘들 거라는 생각이 들었습니다. 친구로서 도와줘야 한다는 생각에 주말마다 같이 걷자고 약속을 했습니다.

저는 아이가 한 명 있습니다. 주말에도 육아를 해야 하는 엄마지요. 주말 동안 제가 일이 생기면 아이는 사촌 조카 집에 가야 합니다. 언니와는 서로 일이 있을 때 육아를 도와주곤 합니다. 외동이다 보니, 외로울 때가 많은데요. 사촌 조카 집에 가면 동생과 언니가 있어 신나게 잘 놀곤 합니다. 어떤 날은 집에 가기 싫다고 떼를 쓰기도 합니다.

저는 아이에게 묻지 않고 친구와 약속을 해버렸습니다. 당연히 언니네 집에 가면 더 좋을 거라고 혼자 생각했습니다. 언니도 힘들수록 서로 도와야 한다고 주말마다 아이를 맡아준다고 했습니다. 그리고 아이에게 한 달 동안 친구와 같이 운동을 하기로 했으니 주말에는 사촌 언니네 집에 가서 놀아야 한다고 말했습니다. 그러자 아이가 저에게 발끈하더라고요.

"왜 엄마 맘대로 결정해? 아무리 친구가 지금 힘들어도 내 이야기도 들어봐야지. 가족은 공동으로 정해야 한다고 하면서 청소도 시키면서 왜 이런 것은 상의하지 않는 거야? 왜 내가 결정할 권리는 없는데? 나는 주말마다 언니네 집에 가는 거 싫어."

그 말을 듣고 누가 머리를 한 대 친 것처럼 멍해졌습니다. 그리고 예전 어릴 때 제 기억이 떠올랐습니다.

집에 일이 생기면 항상 저희 부모님은 자식들에게 쉬쉬했습니다. 어른들 이야기를 얼핏 듣다가 무슨 일이냐고 물으면 너는 어려서 몰라도 된다고 말했습니다. 그래서 전 집안이 어떻게 돌아가는지 빚이 있는지도 몰랐습니다. IMF 시절, 경제 불황이 왔었는데도 모르고 살았습니다.

부모님이 돈 걱정으로 힘들어할 때, 전혀 저에게는 내색을 하지 않았습니다. 다니던 학원도 끊지 않고 보내주셨거든요. 성인이 돼서 알게 되었습니다. 우리 집에 빚이 어떻게 하다가 생겼고 얼마나 있고 가정 파탄까지 갈 위기가 있었다는 사실을요.

부모님은 무슨 일이 생기면 언제나 통보를 하셨습니다. 저는 제 아이처럼 '왜 내 의견은 없지?'라는 의문이 들지 않았습니다. 왜냐하면 어릴 때부터 항상 그렇게 살아왔기 때문입니다. 부모가 말하면 저는 그것을 지킬 수밖에 없었습니다. 그게 옳다고 믿었고 부모의 말은 거역할 수 없다고 생각했기 때문입니다.

그렇게 살다 보니 정작 어른이 돼서 혼자 결정해야 할 일이 생겼을 때, 우왕좌왕하게 되더라고요. 울타리 안에 주인이 주는 모이를 먹고 자랐던 닭이 갑자기 울타리 밖에 나가서 직접 먹이를 찾아야 하는 것처럼 중요한 선택의 상황은 언제나 저에게 공포였습니다. 그래서 부모의 의견에 의지를 하게 되고, 일생일대의 결정을 부모님에게 넘겨주며 살아왔습니다.

아이의 말이 맞았습니다. 부모는 아이를 보호해줘야 하는 의무를 가졌지만, 아이의 의견까지 무시해서는 안 된다고 생각합니다. 가족의 일원으로서 크고 작은 일에 같이 참여를 해야 합니다. 그냥 시켜서 하는 것과 자기의 의견을 말하고 그것이 수용되거나 혹은 수용이 되지 않더라도 행하는 일은 천지차이이기 때문입니다.

물론 아직 어린아이에게 어른의 세계를 일일이 말해줄 필요는 없겠지요. 하지만 아이의 수준에 맞게 아이에게 맞는 언어로 물어는 봐야 한다고 생각합니다. 스스로 선택할 권리는 신이나 부모여도 간섭할 수 없습니다. 그게 인간 존중이고, 자기 삶을 개척하는 데 밑바탕이 된다고 생각합니다.

저는 아이에게 제 잘못을 인정하고, 의견을 물어봤습니다. 그리고 우리는 이야기 끝에 일요일만 친구를 만나기로 정했습니다. 친구가 걱정되기는 했지만 주중에 친구에게 더 연락을 하자고 생각했습니다. 아이는 흔쾌히 받아들였고, 전 그렇게 친구와 가족을 위한 선택을 할 수 있었습니다. 정말 아이를 가족의 일원으로 생각하신다면 앞으로는 작은 일이든, 큰일이든 같이 의논을 하며 헤쳐나가셨으면 합니다.

아이들에게도 직접 선택할 권리를 주세요.

화를 낸 게 중요한 게 아니라,
그 후 어떻게 행동했는지가 중요합니다.

2. 조언보다는 아이의 마음 그릇을 생각하자

"부모로서 아이에게 물려주고 싶은 것은 무엇인가요?"라는 질문을 받았을 때, 어떤 생각이 드세요? 부모의 가치관에 따라 물려주고 싶은 것들은 천차만별이겠지요.

저는 누군가 저에게 이런 질문을 한다면, 삶의 지혜를 물려주고 싶다고 말할 것 같습니다. 인생을 살다 보면 항상 좋은 일만 있을 수 없고, 계획한 대로만 살 수 없으니 어떤 풍파가 와도 잘 견뎌낼 수 있는 지혜를 주고 싶습니다. 그래서 저는 항상 무언가를 깨달을 때마다 아니면 아이가 고민하는 부분이나 힘들어하는 부분이 있으면 제 생각을 말합니다.

책을 안 읽는 아이에게 "채린아, 책에는 여러 가지 생각이 담겨 있어.

글을 쓴 작가님이 경험한 일이나 생각을 읽음으로써 채린이는 간접적으로 경험하거나 느낄 수 있어. 그 힘은 채린이가 살아가는 데 큰 힘이 될 거야."

공부하기 싫어하는 아이에게 "지금은 공부하는 게 힘들고 하기 싫은 마음이 들 수 있지만, 나중에 채린이가 멋진 어른으로 성장하기 위해서는 공부는 꼭 필요한 거야. 하나씩 깨닫고 알아가는 과정을 거치다 보면 채린이는 놀라울 정도로 이만큼 성장해 있을걸. 조금씩 노력해보자."

어릴 때는 제 말을 귀담아듣던 아이가 요즘은 건성으로 들을 때도 있지만, 수긍을 잘해주네요. 그럴 때마다 뿌듯함을 느꼈습니다. '내가 서른 넘어 알게 된 이치를 아이는 좀 더 일찍 깨닫는다면 인생이 편해질 거야.' 그래서 아이가 커갈 때마다 아이의 그릇은 생각 못 한 채, 내 욕심이 꾹꾹 담긴 조언을 하기도 했었습니다.

그러던 중, 생각의 전환을 하게 된 사건이 있었습니다. 아이가 학교 이야기를 하면서 친구에 대한 질투를 이야기한 적이 있습니다. 저는 그런 아이가 안쓰러워 이런 말을 했습니다.

"채린아, 예전에 엄마도 채린이처럼 누군가를 질투하고 부러워한 적이 있었어. 그런 감정이 깊어질수록 스트레스만 받고 삶이 힘들어지더라고. 엄마는 지금의 삶이 참 좋은데 남들과 비교하며 더 좋은 집, 더 좋은 차를 가지고 싶어 욕심을 부린다면 내 삶이 불행하다고 생각할 것 같아."

아이는 제 이야기를 듣다가 "왜 더 좋은 집, 좋은 차 욕심을 부리면 안 되는 건데? 나는 멋진 집에서 살고 싶고, 좋은 차를 타고 싶어. 어른이 되면 나는 돈을 많이 벌어서 그렇게 살 거야."라고 소리치며 말했습니다. 아이의 말에 저는 순간 어떠한 대답도 할 수 없었습니다. 아이의 말을 곱씹어 생각해봤습니다.

저도 어릴 때 아이처럼 폼나게 살고 싶었고, 성공하고 싶었습니다. 항상 가진 것은 보지 못하고 남들과 비교하며 뭔가를 더 이루려고 살았습니다. 힘든 일을 겪은 후, 온전히 제 내면의 소리를 들으려고 했고, 남들에게 보여주는 모습을 지키려고 아등바등 살기보다는 현재에 충실하며 행복감을 느끼고 싶었습니다. 하지만 이 생각들은 오로지 제 경험에서 나온 생각이고, 아이는 다를 수 있다는 생각이 들었습니다.

남들을 부러워하는 질투심은 자연스러운 감정이고, 그 감정이 더 동기부여가 돼서 아이가 원하는 삶을 살 수 있는 원동력이 될 수도 있을 것입니다. 반대로 저처럼 질투심이 자기를 힘들게 한다고 생각해서 현재 가진 것에 집중하며 감사함을 느끼며 살 수도 있겠지요.

에릭슨의 심리 사회적 발달 단계 중에 2세가 넘어가면 아이들은 스스로 무언가를 하려고 하는 과정에서 자율성이 발달한다고 합니다. 그 과정이 기초가 돼서, 부모 도움 없이 온전히 한 인간으로서 독립적인 존재로 성장합니다.

그런 발달 과정 중에 있는 아이에게 지나치게 제 생각을 주입한 것은 아니냐는 생각이 들었습니다. 완벽한 인생은 없듯이, 저 역시 인생이라는 여정 속에 지금도 부딪히며 깨지며 살고 있고 아이도 역시 그런 경험 속에서 온전한 자기중심이 서고 살아갈 테지요.

더 좋은 것을 주고 싶고, 올바르게 키우고 싶은 것은 모든 부모가 가지는 마음일 테지만, 한 번쯤은 너무 지나친 게 아닌지 아이가 경험하거나 생각할 기회를 박탈하는 것은 아닌지 생각해보는 것도 좋습니다.

3. 아이가 스스로 성취할 계기를 만들자

아이들이 새로운 것을 배우려고 할 때, 미숙한 모습에 답답해서 부모들이 도와주는 경우가 많습니다. 몇 번이고 설명했는데도 제대로 따라와 주지 않으면 화를 내기도 합니다.

저 역시 그런 적이 있었습니다. 작년 겨울, 크리스마스 선물로 자전거를 사주었습니다. 자전거를 타보고 싶다는 아이를 데리고 공원에 가서 자전거 타기 연습을 했지요. 몇 번이고 설명하고, 뒤에서 잡아줘도 아이가 균형을 제대로 잡지 못했습니다. 첫날이니깐 그럴 수 있다고 생각해서 몇 개월 여러 번 더 공원에 나가서 자전거 연습을 했는데, 아이는 끝끝내 자전거를 못 탔습니다.

'균형만 잡으면 금방 타는 것을 왜 이렇게 못 타지? 겁을 내는 아이를 보며 답답하기도 하고, 춥고 더운데 계속 뒤에서 밀어주라는 아이에게 화를 내기도 했습니다. 유튜브에 자전거 타는 법을 보고 가르쳐줘도 아이는 잘 따라 하지 못했습니다. 실력이 향상되지 않아, 점점 자전거 타는 횟수가 줄어들었고 끝끝내 몇 개월간 자전거를 방치했습니다.

그리고 1년 후, 사촌 동생이 자전거를 잘 타는 모습을 보고 자전거를 타고 싶었는지, 같이 공원에 가서 연습하자고 했습니다. 알았다고 하고 자전거를 끌고 가는데, 몇 개월 방치해서인지 바퀴에 바람이 빠졌네요. 자전거 가게에 가서 바퀴에 바람을 넣으면서 사장님에게 아이가 자전거 타는 것을 무서워한다고 잘 타는 방법이 없냐고 물었습니다. 사장님은 아이에게 3단계의 방법을 알려주면서 한번 시도해보라고 말했습니다.

가게에서 나와 우리는 공원에 갔습니다. 이번에는 제 도움 없이 아이가 스스로 해보겠다고 하더라고요. 몇 번 넘어지고, 반복된 연습을 하다가 잘 안 되니, 뒤에서 밀어주라고 했습니다. 제가 뒤에서 밀어주니 아이는 더 겁을 먹고 혼자 연습할 때보다 못 탔습니다.

그래서 저는 벤치에 앉아 지켜보기만 했습니다. 격려와 응원만 했습니다. 그리고 난 후, 아이가 몇 번을 더 연습하더니 드디어 자전거를 혼자 타게 되었습니다. 그 광경을 지켜보는데 이루 말할 수 없는 행복감을 느껐습니다. 아이는 바로 저에게 와서 "엄마, 나 타는 거 봤어? 드디어 내가 스스로 자전거를 타게 됐어."라고 말했습니다.

아이는 그날, 어려운 문제에 도전하고 스스로 성취했다는 자부심과 나는 뭐든 할 수 있고 극복할 수 있는 사람이라는 긍정적 자존감을 느꼈을 겁니다. 제가 옆에서 도와줘서 성취한 것보다 몇 배의 성취감을 맛보았을 거로 생각하네요.

사라 이마스 저자의 『유대인 엄마의 힘』에서 이런 내용이 나옵니다. 이스라엘 교육자들은 지능지수, 감성지수만큼 역경지수를 매우 중요하게 생각한다고 합니다. 지능지수가 삶 전반적으로 20% 영향을 미친다면, 감성지수와 역경지수는 80%에 달렸다고 단언하는데요. 그래서 유대인 부모들은 아이에게 작고 큰 역경을 주면서 스스로 아이가 문제를 해결해 보는 연습을 시킨다고 합니다.

그 방법 중에 좌절 교육이 있습니다. 아이들에게 위인전을 읽어주면서 수많은 위인이 어떻게 역경과 좌절을 극복하고 성장했는지 같이 알아보는 겁니다. 좌절에 대해 인식시켜주고 좌절을 대하는 태도에 대해 가르친다고 합니다. 좌절이 나쁜 것이 아니고 좌절을 몇 번 겪어봐야 성공할 수 있고, 성장의 밑받침이 된다는 것을 인식시켜준다고 합니다.

저도 이번 사건으로 이 이야기가 많이 와닿았습니다. 아이는 커가면서 수많은 좌절과 실패로 힘든 과정을 겪을 거예요. 이번 일이 아이가 역경을 극복하는 데에 큰 씨앗이 될 것으로 생각합니다.

작고 소중한 우리 아이가 꽃길만 걷길 바라지만 냉혹한 사회는 그렇지 않겠죠. 부모는 아이가 사회에 나가기 전, 역경을 경험해볼 수 있는 환경을 만들어보고 아이가 스스로 해결해볼 수 있을 때까지 지켜보는 여유와 인내심이 필요합니다.

4. '결혼해서 너 같은 아이 낳아봐'라는 말 대신

육아를 하다 보면 막무가내 떼쓰는 아이, 정말 말 안 듣는 아이, 말대꾸하는 아이 등으로 인해 힘들 때가 많습니다. 아이가 부모를 힘들게 하면 내 고충을 아이도 꼭 알았으면 하는 마음이 불현듯 생길 때가 있습니다. 그럴 때, 부모들이 아이들에게 하는 말이 있습니다.

"결혼해서 너 같은 아이 꼭 낳아라. 엄마가 얼마나 힘들었는지 알 거야."

저도 어릴 때, 엄마에게 자주 듣던 이야기입니다. 어릴 때는 이 말이 참 듣기 싫었는데, 저도 모르게 제 자식에게 해버릴 때가 있습니다. 부모는 아이에게 상처를 주려고 이런 말을 하는 건 아닐 거예요. 부모 말 좀 잘 들어주라, 엄마의 마음을 좀 헤아려주라는 뜻이겠지요.

하지만 이 말을 듣는 아이들은 어떨까요? 상처받겠죠. '내가 정말 나쁜가?', '나는 부모를 힘들게 하는 나쁜 아인가?' 부정적 생각이 들 겁니다. 그 생각은 어른이 돼서도 나조차도 나를 이해 못 하는 자책하고 비난하는 사람으로 만들기도 합니다.

생각해보세요. 정말 아이가 나를 힘들게만 했나요? 아니지요. 아이가 태어나서 행복했던 일이 힘들게 했던 일보다 훨씬 더 많을 겁니다.

부정적인 말보다 이렇게 말해보는 것은 어떨까요? 유튜브를 보는데 저에게 감동을 준 댓글이 있어 같이 나눕니다.

"너도 결혼해서 너랑 똑같은 아이 낳아서 키워봐~ 엄마가 얼마나 행복한지 느끼게 될 거야."

정말 감동적인 말이지 않나요? 문장 하나 바꿨을 뿐인데, 듣는 사람의 반응은 천지 차이겠지요. 저도 자기 전에 아이에게 이 말을 전했더니, 저를 꼭 안아주네요. 세상 부러운 것 없는 미소를 보이며 자는 아이를 보는데 저 역시 행복으로 가득 찬 시간이었습니다.

소중한 사람일수록 가끔은 말실수하곤 하죠. 속마음은 그게 아닌데, 서툴게 말이 나오기도 합니다. 사랑의 마음은 꼭꼭 숨기는 게 아니고, 말로 표현할 때, 더 빛이 납니다. 오늘은 용기를 내어 아이에게 부모의 진심을 전했으면 하네요.

5. 아이 감정을 있는 그대로 말해주세요

육아서를 읽다 보면 '아이 감정 읽어주기'라는 내용을 많이 보셨을 겁니다. 책을 덮고 나서 '나도 오늘부터 아이 감정을 읽어줘야지.' 결심하지만 현실 육아에서 감정을 읽어주기란 쉽지 않습니다. 감정 말고도 신경써야 할 부분이 많으니까요.

저는 어릴 때부터 제 감정을 표현하는 게 참 서툴렀던 사람입니다. 어른이 되어도 감정 표현을 안 하다 보니 다른 사람들이 저를 오해해서 갈등이 생기기도 했습니다. 사람들에게 제 마음 이야기를 안 하니 저를 참 힘들게 하기도 했습니다. 그러면서 감정 표현이 참 중요하다는 것을 알았습니다. 어릴 때부터 습관이 되어야 한다고 생각했습니다. 그래서 아이 감정을 어떻게 읽어줘야 하는지에 대해 이야기를 하려고 합니다.

아이 감정 왜 읽어줘야 하나요?

감정 표현은 살아가면서 참 중요합니다. 서두에서 말했듯이 감정 표현을 잘 못해서 소중한 사람과의 관계가 틀어지기도 하고, 나 자신을 힘들게도 합니다. 어른도 힘든 감정 표현인데, 아이들은 아마 더 힘들 겁니다. 그래서 화나는 감정을 친구를 때리든지, 장난감을 던지며 공격적으로 표현하기도 합니다.

부모님이 아이 감정을 읽어주면 아이는 '어? 엄마가 내 마음을 알아주네.', '엄마가 내 마음을 알아주려고 노력하네.'라고 생각을 합니다. 그 감정들은 아이와 부모의 애착 형성에 긍정적 영향을 줍니다. 또한 부모님들이 감정을 읽어줌으로써 아이는 부모의 말을 배워 자신의 감정을 언어로 표현할 수 있습니다.

아이 감정 어떻게 읽어줘야 할까요?

먼저 감정 표현에는 어떤 것들이 있는지 알아봐야 합니다. 특히 한국 사람들은 감정 표현 하는 게 서툴러서 자기감정에 대해 잘 모르는 경우가 많습니다.

감정을 표현하는 단어는 뭐가 있을까요? 외로움, 행복, 슬픔, 설렘, 고마움, 힘듦, 미안함, 긴장, 두려움, 불안함, 만족, 지침, 사랑스러움 등등 여러 가지 단어들이 있습니다. 집에서 종이 위에 자기가 느끼는 감정에 대해 써보는 것도 좋아요. 자신이 알지 못했던 감정들을 직접 글로 쓰면 여러 감정이 올라옵니다.

그 감정을 기억해뒀다가 아이들과 놀이할 때, 말해보세요. 만약, 아이가 인형 놀이를 하다가 다른 인형에게 소리를 지르고 있나요? 그럴 때는 어떻게 말해야 할까요?

"시끄럽게 소리는 왜 질러?", '아이가 스트레스를 받나? 왜 소리 지르지?' 생각할 게 아니라, 그냥 감정 그대로 읽어주세요.

"아, 세리가 화가 많이 나서 미미에게 소리를 지르고 있구나."

혹시 아이가 실수로 컵에 있던 물을 쏟았나요? 그때는 "조심해야지." 라는 말보다는 "컵을 떨어뜨려 당황했지? 괜찮아, 닦으면 돼."라고 말해주세요.

여기서 제가 문제 하나 내보겠습니다. 만약 아이가 "아빠는 주말에도 일해야 해서 자주 놀러 갈 수 없어."라고 말했습니다. 우리는 뭐라고 아이의 감정을 읽어줘야 할까요?

제가 여러 부모님께 물어보니 감정을 읽어주는 부모도 있지만 이런 대답들을 하시는 부모도 있었습니다.

"지금은 코로나 때문에 못 다녀. 코로나가 잠잠해지면 그때 아빠랑 놀러 나가자."

"아빠가 일을 해야 우리 연지 맛있는 것도 사주고, 옷도 사주고, 장난감도 사주지."

물론 현실적인 대답일 수 있으나 아이는 아빠랑 같이 놀고 싶은데 못 노는 상황에 놓인 거죠. 아이의 감정은 어떨까요? 슬프기도 하고, 속상하기도 할 겁니다. 이럴 때는 감정 그대로 읽어주면 좋습니다.

"아빠와 같이 놀고 싶은데, 못 해서 속상하구나.(또는 슬프구나.)"

그리고 그 후에 위 대답처럼 대안이나 상황 등을 얘기해주면 아이는 순간 납득할 수 없겠지만, 자신의 감정을 알게 되고 감정을 읽어주는 부모에게 신뢰감이 생깁니다.

'감정을 읽어주기' 물론 쉽지 않습니다. 부모님이 컨디션이 안 좋을 수 있고, 내 감정 표현도 서툰데 막상 아이 감정을 읽어주려고 하면 힘이 듭니다. 저도 말은 이렇게 하지만, 아직도 감정 읽어주기가 힘이 듭니다.

근데, 제가 아이의 감정을 읽어주려고 노력하다 보니 아이는 어느 순간 자기감정을 솔직히 말하더라고요. 그리고 그 감정을 듣고 저는 아이의 마음을 더 알 수 있어 좋았습니다.

욕심 부리지 말고, 조금씩 하루에 한 번씩 시도해본다면 어느 순간 아이의 마음 나무는 쑥쑥 커갈 거로 생각합니다.

6. 행복과 불행은 어린 시절 기억에서 판가름 난다

사람들을 잘 관찰하다 보면 몇몇 사람들에게서 유독 집착하는 부분이 느껴지지 않나요?

벌이도 괜찮고, 모아온 자산도 꽤 많은데 돈을 더 모으려고 욕심을 부리는 모습이나 누가 봐도 부모님께 효도를 잘하는 것 같은데, 자기 삶을 희생하면서 부모님께 헌신하는 모습.

아이가 충분히 혼자서도 자신의 길을 잘 찾아갈 것 같은데, 안절부절 혹여 잘못된 선택을 할까 봐 노심초사하며 집착하는 모습 등등.

저 역시 유독 집착하는 부분이 있는데요. 예전에는 제 만족이 아직 충족되지 않아서 집착하는 거로 생각했지만, 만족이 채워진 후에도 집착을 하는 성향을 보였습니다.

제가 집착하는 것은 부모님의 인정과 사랑, 주위 분들의 평판입니다. 저는 어릴 때부터 부모님에게 끊임없는 비교를 받으며 자라왔습니다. 위에 언니들이 공부뿐만 아니라 모든 면에서 월등히 잘했기 때문에, 평범한 저는 비교가 될 수밖에 없었습니다. 따라가려고 해도 따라갈 수 없는 저에게 큰 산 같은 존재들이었습니다. 부모님뿐만 아니라 학교에서 선생님과 친구들에게까지도 언니들과 비교하는 말을 들어야 했습니다. 안 그래도 천성적으로 소심하고 여린 저는 더 상처를 받을 수밖에 없었습니다.

항상 부모님에게 사랑과 인정을 받으려고 노력했지만, 쉽지 않았습니다. 부모님의 욕구를 채워주려면 저 자신을 버리고 더더욱 힘을 내야 했습니다.

친구나 지인 관계도 마찬가지였습니다. 의리 있고, 마음의 안식처 같은 사람이 되고 싶었습니다. 이런 마음들이 커갈수록 상대방이 나를 무시하거나 생각해주지 않다고 여기면 실망감이 컸습니다.

장신웨 저자의 『코끼리 같은 걱정 한입씩 먹어 치우자』 중에서 이런 구절이 나옵니다.

"행복한 사람은 일생을 어린 시절에 의해 치유를 받지만 불행한 사람은 어린 시절을 치유하는 데 일생을 보낸다."

제가 이렇게 부모님과 지인분들의 인정을 받으려고 노력하는 모습은 어린 시절 상처받았던 것에 대해 스스로 치유하고자 했던 것이었습니다. 그래서 이제 곧 마흔이 다 되어가는데도 저는 응석받이 아이처럼 부모님과 지인분들에게 사랑을 갈구하고 있었습니다.

이렇게 어린 시절 기억은 한 사람 인생 전반에 많은 영향을 미칩니다. 다 치유된 거로 생각했지만, 알게 모르게 제 행동은 그렇지 않았습니다.

우리 아이들은 안 좋은 기억으로 평생 고통받고 치유하며 살지 않았으면 좋겠습니다. 행복한 기억만 가득 주어 풍파가 왔을 때, 어린 시절 기억으로 치유받으며 살았으면 합니다.

저 역시 이제 어린 시절 기억에 갇혀 치유하며 살지 않기로 했습니다. 부모님과 주위 분들과 나를 분리하고 내 삶에 더 집중하려고 합니다. 타인이 어떻게 살든 타인이 나를 어떻게 바라보든 개의치 않고, 나와 타인의 삶을 존중하며 살고 싶습니다.

완벽한 부모가 되려고 하지 마세요.
자기가 할 수 있는 선에서 좋은 방법들을
적용해보려고 하세요.

7. 사랑을 듬뿍 채워주세요

아이들이 방학이어서 육아에 지친 엄마가 많습니다. 저도 항상 방학만 다가오면 육아 스트레스 생각에 참 무섭고, 한두 달을 어떻게 보내야 하나 걱정이 앞섰는데요. 그런데 이번 방학은 수월하게 보내고 있습니다. 같이 스케줄을 짜서 공부도 하고, 운동도 하고, 놀러도 다니며 즐겁게 지내고 있습니다. 갑자기 육아가 왜 이렇게 수월해졌을까를 고민했던 이야기를 해볼까 합니다.

저는 예민한 기질로 태어난 아이를 참 버거워했습니다. 저 역시 예민한 엄마이기도 해서 더 힘들었습니다. 저는 어린 시절, 부모님에게 충분한 사랑을 받지 못하고 컸습니다. 그래서 자아존중감도 낮았고 남 눈치를 많이 봤고 저를 잘 돌보지 못했습니다. 제 아이가 태어나면 저는 온전히 그 아이를 사랑하고, 잘해줘야겠다는 마음이 컸습니다. 이상은 컸지만, 현실로 돌아오면 육아로 인해 항상 지쳐 있었고 어떨 때는 감정 조절을 못 해 화를 내고 뒤돌아서면 항상 후회만 하는 엄마였습니다.

힘든 일을 겪고 나서, 아이에 대한 미안함, 죄책감, 후회감 등은 내려놓고 아이를 사랑하는 마음만 남기고 육아하자고 결심했습니다. 그리고 부모에게 못 받았던 부분을 하나씩 아이에게 주며 채워나갔습니다. 그렇게 끝날 것 같지 않던 육아가 어느 순간, 아이가 제 허한 마음을 채워줬습니다.

힘든 일이 있으면 "엄마, 오늘은 편하게 쉬어. 내가 설거지할게."라고 제 기분을 전환시켜주기도 하고, 늙어가는 제 모습에 한숨 쉬고 있으면 "엄마, 다른 사람들 눈에는 어떨지 모르겠지만, 내가 보는 엄마는 밤하늘에 별처럼 반짝반짝 빛나."라고 저에게 감동을 줍니다. 가끔은 용돈을 모아 서프라이즈로 선물을 주며, "사랑해."라고 말해줍니다.

가족은 서로에게 사랑을 채워주는 존재라는 것을 알고 있지만, 솔직히 그런 감정을 느껴보지 못했습니다. 좋은 일이 있으면 친구들과 나눴고, 슬프고 힘든 일이 있으면 혼자 울며 견뎠습니다. 하지만 이제는 그 말이 뭔지 알 것 같습니다.

저는 아이의 표정이 평소와 다르면 무슨 일이 있나 살펴보고 물어봐주고, 힘든 일로 내 품에 안겨 우는 아이를 토닥여주며 감정을 공감해줬습니다. 맛있는 것을 먹으면 항상 아이 생각이 먼저 나고, 아이가 갖고 싶은 것이 있으면 준비해뒀다가 짠하고 선물을 줬습니다. 같이 웃고, 울고, 행복했던 순간들을 채워나가 이제는 아이가 저를 그렇게 생각해주었습니다.

세상 제일 소중한 사람에게 사랑을 주고, 사랑을 받고 그렇게 채워나가고 있습니다.

그래서 지금 육아가 힘드신 부모에게 꼭 이런 말을 해주고 싶습니다. 지금 이 힘든 시기가 지나고 아이에게 사랑을 듬뿍 채워준다면 나중에는 그 모든 것이 나에게 돌아온다는 사실을요. 서로에게 사랑이 채워져 끈끈한 관계가 되고, 세상 하나밖에 없는 존재가 되어줍니다. 자기 자신과 아이를 위해 아이에게 사랑을 듬뿍 채워주세요. 사랑이 넘쳐흘러 힘들었던 순간의 기억은 사라지고, 서로를 생각해주는 관계와 추억만 남을 겁니다. 그 힘은 아이나 부모나 사회에서 받았던 스트레스를 따뜻한 온기가 있는 집에서 풀어줘서 하는 일이 다 잘될 거로 생각합니다.

8. 말하기보다 리스너가 돼라

가끔 주위 사람 중에 자기 할 말만 하는 사람이 있지 않으세요? 그분들 이랑 만나고 돌아올 때는 에너지를 다 뺏기고, 다음에는 만나기 싫다는 감정을 가지게 됩니다. 더 슬픈 것은 자기 말만 하는 사람은 자기 이야기 만 하는지 모른다는 겁니다.

혹시 아이와 관계에서 자기 말만 하고 있지는 않은지 생각해보세요.

전 저의 아버지가 그랬는데요. 아버지는 말하는 것을 참 좋아했습니 다. 어릴 때는 아버지 이야기를 듣고, 통찰력에 놀랐던 적이 많았습니다. 아버지는 말을 하고 가끔 자식에게도 질문을 했었습니다. 그 대답이 자신이 생각한 대답이 아니면 말을 끊고는 아버지의 이야기를 이어갔습니다.

시간은 30분이 흐르고 처음에는 주의 깊게 들었던 저의 집중력이 점점 흐트러지더니, 나중에는 '아, 듣기 싫다.'라는 생각으로 아버지가 대화를 시도할 때마다 힘들었던 경험이 있습니다. 그리고 나는 나중에 내 자식에게는 절대로 내 말만 하지 말아야지 굳은 결심을 했었습니다.

저도 엄마가 되니, 아이에게 잔소리를 비롯해서 가끔 제 말만 하고 있는 저를 발견하곤 합니다. 멍하니 듣는 아이에게 "내 말 듣고 있니?"라고 물으면 영혼이 없는 대답으로 "응." 합니다. 그리고 어린 시절 기억을 소환하곤 합니다. '나는 아빠처럼 절대 내 얘기만 하지 말자고 다짐을 했는데, 나도 어쩔 수 없네.'라고요.

사촌 조카네 집에 놀러 간 적이 있는데, 조카가 어느 날은 이렇게 말을 하는 겁니다.

"엄마도 그렇고 사람들은 나를 싫어해." 저는 깜짝 놀라 왜 그러냐고 물었습니다.

"우주가 무슨 말을 하면 들어주지 않잖아. 그러니깐 나를 싫어하는 거지."

대화는 상호작용입니다. 일방통행이 아니라 서로의 생각과 감정을 교류하는 거지요. 대화를 통해 상대방의 몰랐던 부분을 발견하기도 하고 이해하기도 합니다. 그리고 좋은 대화가 오가면 만족감이 크고 그 사람에 대한 신뢰감이 생깁니다. 하지만 내 이야기에 공감을 못 해주고 건성으로 듣거나, 잘 들어주지 않을 때는 제 조카처럼 상처받을 수 있을 거로 생각해요.

대화를 잘하려면, 말하기보다는 리스너가 먼저 되라고 합니다. 우리나라 명MC 유재석 씨도 패널이 오면 항상 경청하고 추임새를 넣고 공감을 해줍니다. 잘 들어야 잘 말할 수 있기 때문입니다. 학교 다닐 때는 바빠서 아이 말을 건성으로 들을 때도 있지만, 방학은 아이의 리스너가 돼줄 좋은 기회입니다.

아이의 말을 귀담아들어 보세요. 정말 깜짝 놀랄 만한 이야기가 나올 겁니다. '우리 아이가 언제 이렇게 다 컸지?'라는 생각이 들 정도로 성숙한 이야기나 '그때 참 힘들었구나, 상처를 받았구나.' 같이 의도하지 않았지만, 아이에게 상처를 준 사건에 대해서도 알 수 있을 겁니다.

유재석 씨처럼 고개를 끄덕이며 경청하는 부모를 보며 아이는 '아, 내 말을 들어주고 있구나.', '나를 정말 사랑하는구나.'라는 생각이 들면서 부모를 더욱 사랑하고 신뢰할 것입니다.

9. 엄마의 도전은 아이도 움직이게 한다

엄마라면 육아로 인해 자기 자신을 잃어버린 것 같은 느낌이 들 때가 많습니다. 두려움 때문에 무언가에 도전하기가 겁이 날 때도 있습니다. 하지만 저는 아이에게 가르쳐주고 싶은 부분이 있는데요. 그것은 '엄마의 도전'입니다.

저는 어릴 때부터 패션 쪽에 관심이 많았습니다. 그래서 진로도 패션 쪽으로 나아가고 싶었습니다. 수능이 끝나고 부모님 몰래 진학하고 싶은 과에 원서를 넣었습니다. 합격 소식이 전해지고, 용기 내서 부모님에게 제가 하고 싶은 꿈에 대해 말했습니다.

부모님은 놀라워하셨습니다. 왜냐면 부모님 주위에는 그런 직업을 가진 사람이 없었기 때문입니다. 부모님은 안정적인 직업을 원하셨어요. 결국 부모님 뜻에 못 이겨 저는 포기하고 말았습니다.

20대 때에는 원망도 많이 했습니다. 왜 그때 나를 말리셨을까? 내가 하고 싶은 대로 살았으면 어땠을까? 하지만 시간이 흘러 아이를 낳고 저는 부모님을 이해하게 되었습니다. 부모님은 몰랐기 때문입니다. 내 딸이 모르는 분야에서 고생하며 살지 않길 원하셨습니다. 무난한 직업에 평범한 남자를 만나 결혼해서 잘 살길 바라셨을 거로 생각합니다.

엄마가 된 저는 그러지 않으려고 더 도전하려고 합니다. 엄마가 아는 만큼 아이에게도 세상에 대한 넓은 마인드를 심어줄 수 있다고 생각합니다. 세상이 원하는 직업이 아닌 아이 스스로 선택하고 결정할 수 있는 직업을 가졌으면 좋겠습니다.

그래서 전 도전하는 게 몇 개가 있습니다. 예전에 유튜브를 개설한 적이 있어요. 저에게 온라인은 유튜브나 기사를 보고 카톡 하는 정도여서 영상을 찍고 편집한다는 것 자체가 큰 도전이었습니다. 아쉽게도 첫 도전은 실패했습니다. 하지만 그 경험은 아이에게 하고 싶은 것에 도전해 볼 수 있는 기회를 주었습니다. 아이는 어릴 때부터 유튜브에 관심이 많았고 하고 싶어 했습니다. 예전에 저는 아이의 소리를 흘려들었습니다.

'아이가 무슨 유튜브야.', '얼굴 팔리면 어쩌려고.' 부정적 생각이 컸습니다. 하지만 제가 유튜브를 하면서 생각이 많이 바뀌었습니다.

저는 아이에게 유튜브 채널 개설하는 것, 영상 찍는 법, 기획을 도와주었습니다. 지금은 스스로 영상을 찍고 편집하며 업로드까지 하고 있습니다. 구독자 수가 많지 않지만, 아이는 재밌어해요. 나중에 커서 멋진 포트폴리오가 될 수 있다고 생각합니다.

또 하나의 경험을 들자면, 제 딸아이는 글쓰기를 싫어합니다. 제가 글을 꾸준히 쓰고, 책 쓰기까지 도전하면서 글쓰기가 장점이 많다는 것을 알았습니다. 아이가 글쓰기의 즐거움을 느꼈으면 했지요. 책을 읽다가 이런 구절을 보게 되었습니다.

프랑스 작가 베르나르 베르베르는 "창의성을 키우는 가장 쉽고도 좋은 방법은 꿈을 메모하는 것"이라고 말했습니다.

딸아이는 꿈 얘기 하는 것을 참 좋아했습니다. 이야기를 듣고 있노라면 어떻게 저런 생각을 하는지 상상력에 놀라곤 했습니다. 그래서 글쓰기를 싫어하는 아이에게 먼저 꿈 이야기를 써보도록 권유했습니다. 아이는 놀랍게도 관심을 보였습니다. 아침에 일어나면 노트부터 찾았습니다.

자기의 꿈 이야기가 재미있는지 몇 번이고 읽어보기도 했습니다. 주인공 이름과 경험을 살린 글이 구색 있어 보였습니다.

저는 아이에게 동기 부여를 주고 싶어 나중에 꿈 이야기를 엮어서 출판사에 보내보자고 제안했습니다. 아이는 신나서 "엄마, 그럼 나 작가 되는 거야?" 하며 출판이 어떻게 되는지 자세히 물었습니다. 아이의 글이 그럴싸한 작품이 될지는 아무도 모르는 일이겠지요. 정말로 출판이 되어 초등학생 작가가 될 수도 있는 거고, 저와 공저해서 모녀 작가가 탄생할 수도 있지 않을까 하는 생각에 웃음이 났습니다.

그렇게 저는 다양한 경험을 해봄으로써 아이의 꿈을 적극적으로 지원해줄 수 있었습니다. 만약 유튜브를 안 했더라면, 글을 쓰지 않았더라면 아이가 하고 싶은 일을 적극 밀어줬을까 하는 생각이 들었습니다. '유튜버는 아무나 되나?', '작가는 아무나 되나?' 이런 생각으로 아이의 가능성을 보지 못한 채 제 좁은 시야로 아이를 판단했을 것 같습니다.

김종원 저자의 『아이를 위한 하루 한 줄 인문학』에서 "아이가 자신의 세계를 키워내려면 결국 수많은 일을 시작해야 한다. 뭐든 시작해야 결과를 낼 수 있기 때문이다."라는 구절이 있습니다. 나에 대해 모른다면, 많은 경험을 할 수밖에 없습니다. 그리고 꿈을 이루기 위해서는 실행력

밖에 없지요. 계속 실패하고 넘어져도 끝까지 도전해보는 것. 그게 제가 아이에게 가장 가르치고 싶은 '삶의 기술'입니다. 그래서 전 오늘도 도전하고 성장하는 엄마의 삶을 살고 있습니다. 그 자체가 아이에게 본보기가 될 것이라는 확신이 있습니다.